东北侵蚀沟
典型生态治理方法应用手册

秦伟　殷哲　曹文洪　刘肃　张瑜　崔斌　著

中国水利水电出版社
www.waterpub.com.cn
·北京·

内 容 提 要

本手册依托多年来开展东北黑土区水土保持相关科研的经验与积累，通过全面梳理总结东北黑土区侵蚀沟治理措施、模式及其成效，结合侵蚀沟治理技术研究成果，针对不同侵蚀部位和情形，优选了 12 项应用效果好、可推广性强的特色生态治沟方法，并探讨了东北侵蚀沟防治的科技需求和对策建议，以供在侵蚀沟治理的规划、设计和建设实践中有所参考，旨在为东北黑土区侵蚀沟防治的提速增效提供有益支撑。

本手册可作为水土保持设计、研究及应用等技术人员的常备工具书。

图书在版编目（CIP）数据

东北侵蚀沟典型生态治理方法应用手册 / 秦伟等著
. -- 北京：中国水利水电出版社，2021.7
ISBN 978-7-5170-9995-6

Ⅰ. ①东… Ⅱ. ①秦… Ⅲ. ①土壤侵蚀－水土保持－综合治理－研究－东北地区 Ⅳ. ①S157.2

中国版本图书馆CIP数据核字(2021)第197751号

审图号：GS（2021）5815 号

书　　名	东北侵蚀沟典型生态治理方法应用手册 DONGBEI QINSHIGOU DIANXING SHENGTAI ZHILI FANGFA YINGYONG SHOUCE
作　　者	秦伟　殷哲　曹文洪　刘肃　张瑜　崔斌　著
出版发行	中国水利水电出版社 （北京市海淀区玉渊潭南路 1 号 D 座　100038） 网址：www.waterpub.com.cn E-mail：sales@waterpub.com.cn 电话：(010) 68367658（营销中心）
经　　售	北京科水图书销售中心（零售） 电话：(010) 88383994、63202643、68545874 全国各地新华书店和相关出版物销售网点
排　　版	中国水利水电出版社微机排版中心
印　　刷	北京九州迅驰传媒文化有限公司
规　　格	170mm×240mm　16 开本　5.75 印张　113 千字
版　　次	2021 年 7 月第 1 版　2021 年 7 月第 1 次印刷
定　　价	**40.00 元**

前　言

　　东北黑土地是全球仅存的四大黑土区之一，是我国重要粮食产地和生态屏障。年交售全国近 1/3 商品粮，供给 50% 以上城市人口，也是畜产品生产和装备制造业国家级基地，在"一带一路"建设中被定位为中国向北开放的重要窗口。然而，近百余年高强度开垦已造成黑土严重侵蚀退化。截至 2019 年，全区仍有水土流失 22.2 万 km^2，占其国土总面积 1/5 强，导致黑土层年均流失 $0.1\sim0.5cm$，平均厚度已由开垦初期的 $0.6\sim1m$ 减少至 $0.2\sim0.6m$，有机质含量平均下降 50% 以上，部分黑土层剥蚀殆尽，母质层出露，形成所谓"破皮黄"的严重退化土地，生产力完全丧失。侵蚀沟是东北黑土区水土流失的最严重表现和最突出危害。全区现有侵蚀沟多达 60 万条以上，其中仅沟长 100m 以上的侵蚀沟就有 29 万余条，约 90% 仍在扩张，近 60% 位于耕地，已累计损毁良田 500 余万亩，年均造成粮食损失 280 多万 t，并使得耕地破碎，阻碍机械作业，冲毁交通、水利和人居设施，严重威胁国家粮食安全和区域生态环境。

　　东北黑土区侵蚀沟防控治理对保障我国粮食、生态和国土安全有重要意义，是黑土地保护的重要内容。国务院批复的《全国水土保持规划（2015—2030 年）》明确将"侵蚀沟综合治理"列为近期水土保持重点项目，水利部于 2018 年印发了《东北黑土区侵蚀沟治理专项规划（2016—2030 年）》，从 2017 年开始，在该区连续实施以侵蚀沟防治为主的国家水土保持重点工程。2020 年中央 1 号文件中，再次将"推进侵蚀沟治理，启动实施东北黑土地保护性耕作行动计划"作为"对标全面建成小康社会加快补上农村基础设施和公共服务短板"的重要内容。可以说侵蚀沟治理已成为当前和今后一段时期东北黑土区生态建设的重中之重。但由于气候、地形条件和土地利用情势独特，治理起步较晚，使该区水土流失过程、规律及其可行的防治措施与全国其他类型区明显不同，费省效宏的侵蚀沟治理技术还亟待持续深入研究。

为此，依托多年来开展东北黑土区水土保持相关科研的经验与积累，依托中央基本科研业务费专项重点项目"东北侵蚀沟分布发育规律和分类防治技术"（SE0145B132017）、国家重点研发计划课题"坡面径流调控与防蚀工程技术"（2018YFC0507002）等项目支持，本书通过全面梳理总结东北黑土区侵蚀沟治理措施、模式及其成效，结合侵蚀沟治理技术研究成果，在一般的浆砌石工程措施、整地造林生物措施以外，针对不同侵蚀部位和情形，优选了12项应用效果好、可推广性强的特色生态治沟方法进行重点介绍，并探讨了东北侵蚀沟防治的科技需求和对策建议，以供在侵蚀沟治理的规划、设计和建设实践中有所参考，旨在为东北黑土区侵蚀沟防治的提速增效提供有益支撑。

本书共7章，第1章由秦伟、曹文洪、李柏执笔；第2章由秦伟、焦剑、殷哲执笔；第3章由殷哲、崔斌、秦伟、芦贵君执笔；第4章由秦伟、张瑜、殷哲执笔；第5章由刘肃、刘艳军、殷哲执笔；第6章由殷哲、秦伟、曹文洪执笔；第7章由秦伟、曹文洪执笔；全书由秦伟、殷哲统稿并定稿。成稿过程中，水利部松辽水利委员会水土保持处在背景资料方面给予了大力支持，吉林省水利厅水土保持与科技处许晓鸿研究员给予了技术指导和帮助，书中照片多由东北师范大学张天宇博士拍摄并提供，在此一并致谢。

限于时间与水平，书中难免存在疏漏与错误之处，恳请读者批评指正。

作者

2021年4月

目　录

第1章 东北侵蚀沟防治背景

按照《全国水土保持规划（2015—2030 年）》确定的全国水土保持区划，东北黑土区是我国 8 个水土保持一级分区之一，位于中国内地东北部，由北经东向南，分别以黑龙江、乌苏里江、图们江和鸭绿江为界，西与蒙古国相接，包括黑龙江省、吉林省全部，辽宁省东北部，以及内蒙古自治区东部地区大部，涉及 244 个县（市、区、旗），总面积 109 万 km² （见图 1.1）。该区因主要分布黑土、黑钙土、暗棕壤、白浆土、草甸土、沼泽土等富含腐殖质且表层深暗的土壤类型，而被称为黑土区（地），与乌克兰大平原、北美洲密西西比平原、南美洲潘帕斯草原的黑土区并称为世界四大黑土带。

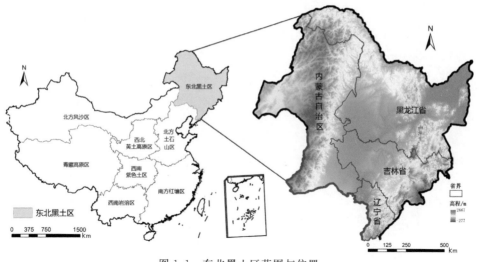

图 1.1 东北黑土区范围与位置

东北黑土区属温带季风气候区，年均气温介于 −7～11℃，10℃ 以上有效积温 1500～3800℃，多年平均年降水量多介于 350～1000mm。该区位于我国第三级地势阶梯内，西、北、东部依次分布呼伦贝尔高原，大、小兴安岭和长白山；中部为松辽平原和三江平原。区内有松花江、辽河水系，并被黑龙江、乌苏里江、绥芬河、图们江、鸭绿江等国际界河环绕。植被类型以落叶针叶林、落叶针阔混交林和草原植被为主，林草覆盖率约 59%。区内共有人口约 1.08 亿人，农业人口约占 46%，粮食总产量约 1.35 亿 t，占全国粮食总产量的 1/5 强（水利部，2012；2018）。由于具有肥沃的土地、丰富的资源和深厚的工业发展积累，东北黑土区成为我国重要的粮食产地和生态屏障，也是畜产品生产和装备制造业国家级基地，在"一带一路"建设中被定位为中国向北开放的重要窗口。

随着近百余年高强度垦殖，东北黑土区的水土流失问题日益突出，已成为流域生态健康和国家粮食安全的重要威胁。截至 2019 年，全区共有水土流失 22.2 万 km²，占其国土总面积 1/5 强，其中水力侵蚀占 65%，风力侵蚀占 35%，北部地区间有冻融侵蚀，另有侵蚀沟多达 60 万条以上，其中仅沟长 100m 以上的侵蚀沟就有 29 万余条，累计损毁良田 500 余万亩，年均造成粮食损失 280 多万 t，并使得耕地破碎，阻碍机械作业，冲毁交通、水利和人居设施，严重威胁国家粮食安全和区域生态环境。

21 世纪以来，国家对东北黑土区的水土流失治理日益重视，持续加大投入，针对侵蚀沟治理编制了专项规划，并从 2017 年开始连续实施以侵蚀沟防治为主的国家水土保持重点工程。习近平总书记 2016 年、2018 年、2019 年和 2020 年连续四次考察东北时曾提出，东北的耕地是"耕地里的大熊猫"，"要采取工程、农艺、生物等多种措施，调动农民积极性，共同把黑土地保护好、利用好"，保障"黑土面积不减少、不退化"。2020 年中央 1 号文件再次将"推进侵蚀沟治理，启动实施东北黑土地保护性耕作行动计划"作为"对标全面建成小康社会，加快补上农村基础设施和公共服务短板"的重要内容。可以说，面对国家"两个一百年"发展战略目标以及新时代推进东北振兴和绿色发展的新形势，只有更好更快地防治东北黑土区侵蚀沟与坡耕地水土流失，有效解决黑土地变"少"、变"薄"、变"瘦"、变"硬"的侵蚀退化问题，才能实现黑土资源保护与利用协调发展、生态与粮食安全协调保障，促进农业发展、农村振兴和农民致富。

1.1　东北侵蚀沟现状

1.1.1　数量分布

东北黑土区的侵蚀沟 2/3 左右形成于 20 世纪 60 年代中期之前，具有 50 年以上的发育历程（闫业超等，2010），但新中国成立以来仍呈持续增长的发展态势（阎百兴等，2008）。遥感解译结果显示，区内乌裕尔河和讷谟尔河流域在 1965—2005 年间，侵蚀沟数量由 2565 条增加为 14502 条，沟道面积由 16.76km² 扩大至 102.04km²，沟壑密度由 0.03km/km² 提高到 0.19km/km²，40 年间流域内的侵蚀沟数量与占地增长近 5 倍（王宝桐等，2014）。2006 年开展中国水土流失与生态安全科学考察时，东北黑土区约有侵蚀沟 25 万余条，到 2011 年第一次全国利普查时已达 29 万余条，5 年多就急增 4 万多条，平均每年增加 1 万条左右（水利部，2010；2013）。

综合 2011 年开展的第一次全国水利普查东北黑土区（不含风蚀区，调查面积 94.5 万 km²）侵蚀沟专项调查以及 2015 年编制《东北黑土区侵蚀沟治理专项规划（2016—2030 年）》时的前期补充调查，东北黑土区现有长度 100m 以上的侵蚀沟 29.17 万条。同时，依据相关科研单位在黑龙江省典型区域的抽样调查推估，全区另有长度小于 100m 的侵蚀沟 30 万条以上。

空间统计分析表明，现存的 29.17 万条百米以上侵蚀沟，总长 21.75 万 km，总占地 0.42 万 km²，平均沟壑密度 0.20km/km²，主要分布在低山丘陵和漫川漫岗地貌类型区的耕地与林地内，且近 90% 仍在持续发育扩张。具体而言：

（1）不同分区间，东北黑土区共包含 9 个全国水土保持三级区，除松辽平原防沙农田防护区的侵蚀沟最少，仅 247 条外，其他各区现存侵蚀沟 0.73 万～8.17 万条，沟壑密度介于 0.04～0.214km/km²，发展型侵蚀沟的占比介于 62%～95%。其中，大兴安岭东南低山丘陵土壤保持区的侵蚀沟最多，达 8.17 万条，侵蚀沟总占地 0.18 万 km²，沟壑密度 0.76km/km²，93% 为发展型侵蚀沟；东北漫川漫岗土壤保持区的侵蚀沟次最，达 6.18 万条，侵蚀沟总占地 0.06 万 km²，沟壑密度 0.17km/km²，86% 为发展型侵蚀沟（见图 1.2）。总体上，全区 91% 的侵蚀沟集中分布于低山丘陵和漫川漫岗为地貌类型的地区。

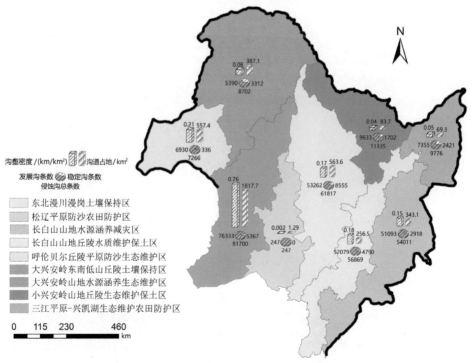

图 1.2　东北不同水土保持三级分区的现存侵蚀沟数量与占地

（2）不同省域间，区内的黑龙江省、吉林省、辽宁省、内蒙古自治区各分布侵蚀沟 11.55 万条、6.30 万条、2.13 万条和 9.19 万条，占全区侵蚀沟总数的 39.6%、21.6%、7.3%、31.5%，相应在全区侵蚀沟总占地中的比例为 22.2%、8.9%、1.5%、67.4%。总体上，内蒙古东部地区和黑龙江是东北侵蚀沟的主要分布省份。

（3）不同地类间，耕地、林地和草地内分别存在侵蚀沟 16.94 万条、8.04 万条和 3.53 万条，占全区侵蚀沟总数的 58.1%、27.6% 和 12.1%。因此，承载粮食和生态服务产品供给的农林用地沟蚀问题最为突出，直接威胁粮食和生态安全。

1.1.2　分类分级

侵蚀沟是外营力驱动下的地表地形演化过程，在不同阶段的形态、规格及其动力机制和发育状况均有变化，也适应不同防治方法和对策。因此，有关侵蚀沟的分类分级广受关注。

（1）基于发育阶段的分类。从侵蚀地貌演化和动力过程的角度，通常将整个现代加速侵蚀划分为面蚀（细沟间侵蚀）与沟蚀 2 个阶段，而沟蚀又依次包括细沟（rill）、浅沟（ephemeral gully）、切沟（gully）和冲沟（modern incised valley）（Hudson，1995；Morgan，2005；刘宝元等，2018）。其中，细沟间侵蚀、细沟侵蚀、浅沟侵蚀和切沟侵蚀均发生在坡面内，而冲沟则是切沟等坡面侵蚀沟与沟道、水系间的过渡形态，其沟头与沟尾多分别位于坡面和沟谷，且纵剖面与所在坡面明显不同（刘宝元等，2018）；切沟由于规格变化跨度大，往往又被细分为小型切沟、中型切沟和大型切沟，如图 1.3 所示。

图 1.3　东北黑土区典型侵蚀沟实景示意图

由于细沟是指坡面上能被普通耕作过程消除的小侵蚀沟，其宽、深多不超过 0.2cm，未切入犁底层，因此虽属沟蚀起始阶段，但无须逐条专门治理，一般随坡面整体水土流失一并防治。冲沟的数量相对较少，且多已趋于稳定，也并非水土流失防治的主要对象。因此，笔者认为，从水土保持治理需求的角度讲，所谓东北黑土区的侵蚀沟应主要包括浅沟、切沟和少部分冲沟，相应以治理为目的分类分级也应主要针对浅沟、切沟。根据在东北 4 个典型县（旗）的浅沟和切沟调查显示，浅沟和切沟的平均占比约为 6∶4，漫岗地形下的坡面沟蚀以浅沟为主，丘陵地形下则以切沟为主，随坡耕地面积增大，浅沟数量及其在沟蚀总量中的占比往往也相应增大（刘宝元等，2018）。

（2）基于演进状态的分类。当外营力持续作用时，侵蚀沟呈动态演进变化，直观表现为沟头前进、沟坡扩张和沟底下切，沟口持续输出水沙；当外营力消除或减弱至一定阈值，则沟体基本维持稳定，沟口产流产沙趋弱或终止。由此，可将侵蚀沟划分为发展型和稳定型 2 类，或发展型、半稳定型、稳定型 3 类。但实际操作时不便对大量侵蚀沟进行全面、连续勘测，因此往往依据沟头前进速度、沟内植被盖度、沟底纵向比降等指标定性判定。按此标准，东北黑土区的发展型和稳定型侵蚀沟分别为 26.22 万条、2.95 万条，其中发展型侵蚀沟占侵蚀沟总数的 90.0%。同时，这些发展型侵蚀沟主要分布在耕地、林地和草地上，各存在发展型侵蚀沟的 61.9%、27.0% 和 8.8%。

（3）基于形态规格的分级。因多呈线状，故长度是用来划定侵蚀沟分级最常见的指标。如在第一次全国水利普查中，便采用长度对发展型侵蚀沟进行了分级统计，见表 1.1。结果显示，全区长度超过 500m 和 1000m 的发展型侵蚀沟分别有 7.13 万条和 2.46 万条，占侵蚀沟总数的 24.1% 和 8.3%。

表 1.1　　　第一全国水利普查基于长度的东北黑土区侵蚀沟分级

侵蚀沟道类型		沟道数量/条	沟道面积/hm²	沟道长度/km
发展沟	100m≤L＜200m	59762	10095	9269.12
	200m≤L＜500m	131149	62284	42937.63
	500m≤L＜1000m	46662	61367	36398.04
	1000m≤L＜2500m	20552	92622	48130.23
	2500m≤L＜5000m	4052	77239	31647.34
合计		262177	303607	168382.36

注　表中 L 为侵蚀沟长度；数据源自《第一次全国水利普查成果丛书》（《第一次全国水利普查成果丛书》编委会，2017）。

由于仅凭长度无法反映侵蚀沟体积即沟蚀强度，而相比之下，沟道占地面积即沟缘线以内范围的投影面积与侵蚀沟深度、体积间具有更紧密的关系，因此水利部在编制《东北黑土区侵蚀沟治理专项规划（2016—2030 年）》时，采用占地面积对发育型侵蚀沟进行分级，见表1.2。据此标准统计，全区现有小型、中型和大型发展侵蚀沟9.99 万条、12.24 万条和3.99 万条，分别占侵蚀沟总数的 34.3％、42.0％和13.7％。

表 1.2　　　　　　基于占地面积的东北黑土区侵蚀沟分级标准

类级		指标（侵蚀沟占地面积）/hm²	特　　征
发展型侵蚀沟	小型沟	<0.3	一般处于发育或发展阶段，活跃程度高，易治理
	中型沟	≥0.3～≤1.4	一般处于发展阶段，活跃程度相对较高，治理难度小
	大型沟	>1.4	一般处于发展或相对稳定阶段，活跃程度相对较低，治理难度大

注　表中数据源自《东北黑土区侵蚀沟分级初探》（白建宏，2017a）。

（4）基于综合指标的分类分级。由于凭借单一指标往往难以进行类型和等级划定，始终存在相当数量的侵蚀沟与给定标准存在同值异类（级）或同类（级）异值。为此，许多研究也尝试采用多个指标进行综合分类分级。其中，综合年均侵蚀量、沟道占地面积和长度3 个指标所建立的分类分级标准最为常见，见表1.3。

表 1.3　　　基于形态与侵蚀综合指标的东北黑土区侵蚀沟分类分级标准

级	类	主要指标及取值①			主要指标及取值②		
		年均侵蚀量/t	沟道占地面积/hm²	沟长/km	年均侵蚀量/t	沟道占地面积/hm²	沟长/km
小型沟	稳定沟	<50	<0.30	<0.4	<25	<0.32	<0.1
	半稳定沟	≥50～≤200			≥25～≤50		
	发展沟	>200			>50		
中型沟	稳定沟	<200	≥0.30～≤3.0	≥0.4～≤1	<100	≥0.32～≤5.50	≥0.1～≤0.5
	半稳定沟	≥200～≤800			≥100～≤500		
	发展沟	>800			>500		
大型沟	稳定沟	<1000	>3.0	>1	<250	>5.50	>0.5
	半稳定沟	≥1000～≤2000			≥250～≤800		
	发展沟	>2000			>800		

注　表中年侵蚀量一般指调查前3 年或若干年的平均侵蚀量。
①数据源自《侵蚀沟道水土流失防治技术》（王宝桐等，2014）。
②数据源自《侵蚀沟系统分类与综合开发治理模式研究》（石长金等，1995）。

除此以外，有的研究综合采用侵蚀沟宽度、深度、坡度、横剖面形态、纵剖面特征、边坡侵蚀方式和底部冲淤状况等7 个指标，将人类活动影响所形成的现代侵蚀沟划定为5类（范昊明等，2007）。还有的研究甚至综合降雨量、径流深以及侵蚀沟的长度、宽度、深度、占地面积、土层厚度、植被盖度、沟底比降、汇水面积、年均侵蚀量、沟头前进速度等12个指标进行聚类，最终将侵蚀沟划分为土质发展与石质发展2个大类和初期"V"形发展沟、中期"U"形发展沟和后期扩展"倒钟"形稳定沟3个子类（戴武刚等，2002）。

总体来看，基于综合指标的分类分级划定结果通常较基于单一指标更为准确，对一定区域内参与划定的所有侵蚀沟而言，被明显错划的数量可能大幅减少。然而，由于现有的多指标体系中均未考虑和明确不同指标的层级权重，通常将各指标视为同等影响而平行共用，从而难免出现因不同指标间的划定结果相悖而使划定对象游离于所有类级以外的问题。为此，在更好对标需求的前提下，进一步优选更有效的单一指标并优化其划定标准，或者明确综合指标划定体系中不同指标的应用次序、层级和权重，无疑是东北黑土区侵蚀沟分类分级中需要解决的问题。

1.1.3 危害

根据东北黑土区侵蚀沟数量、规格及其分布特点，分析认为除具备一般水土流失的危害外，还主要存在以下5个方面特有危害：

（1）直接破坏耕地，威胁粮食安全。侵蚀沟多分布于耕地，若不有效治理，发育十分迅速。随沟头溯源侵蚀和沟底下切侵蚀，沟缘不断扩张，加之崩塌和滑坡等重力侵蚀，损毁土地的速度远大于一般面状侵蚀，且沟蚀造成坡面破碎后，更易被弃耕撂荒。据统计，东北黑土区现存侵蚀沟已累计吞没、损毁耕地500余万亩，年均造成粮食损失280多万t，占近年全区平均粮食总产量的2%以上（水利部，2018）。

（2）损毁道路村屯，制约乡村振兴。东北黑土地区的公路多修建在坡面中、下部，与沟蚀易发坡段一致，加之地表被硬化或趋于紧实更易集水汇流，因此道路边坡和路面常发生沟蚀，阻断路面、损毁路基，影响交通运输，为此许多道路必须增加桥涵工程以预防道路沟蚀，使建造成本提高。同时，侵蚀沟扩张及雨季促发的洪水灾害，常常损毁周围村屯，威胁人居安全。

（3）阻碍机械耕作，影响农业发展。与其他地区不同，东北黑土区土地集约化机械耕作普遍，是该区粮食产出大、商品化率高的重要因素。然而，侵蚀沟造成水土流失的同时，导致坡地破碎、阻断交通，阻碍机械耕作。通常情况下，限于安全要求，耕作机械在距离沟缘3~10m范围均无法作业（欧洋等，2018），因此侵蚀沟带来的机械耕作面积损失往往是其自身面积的数倍。

（4）加剧水土流失，促进生态退化。沟蚀是典型水力与重力复合侵蚀，在径流冲刷、下切造成水土流失过程中，因土体失稳多伴随崩塌，滑坡等重力侵蚀，水土流失强度极高。切沟形成后，增大坡面比降，加快上部来水流速，增强侵蚀动力，并随沟缘扩张影响周围坡面土层的稳定性和渗漏性，加剧坡面水土流失。

（5）改变汇流过程，促发雨洪灾害。沟道坡降陡急、植被稀疏，涵养蓄滞径流的能力远低于坡面。随沟蚀加剧，区域沟壑密度显著增加，形成更为密集的水沙输送通道。夏汛暴雨季节，坡面集水通过沟谷系统迅速汇集，进入中小河系，加重河湖淤积、加快洪峰形成、加大洪峰流量，促发下游雨洪灾害。

1.2　东北侵蚀沟形成

1.2.1　发生规律

东北黑土区侵蚀沟发育过程主要受降水、土壤、地形、地表覆盖和人为耕作等因素综合影响。具体而言：

（1）降水。作为水力侵蚀的外营力来源，降雨和降雪对东北黑土区的侵蚀沟形成均存在影响。尤其在区域尺度上，降水的丰枯、强弱和分配情况都与侵蚀沟分布密切相关。研究表明，黑龙江、吉林、辽宁 3 省的沟壑密度随降雨侵蚀力协同增减（张旭等，2014）。东北黑土区年均降水总量不高，但夏季降雨集中，且多连续、集中暴雨，全年 70%的降水集中在 6—9 月。夏季降雨过程中，雨滴首先造成地表溅蚀，此时对沟蚀发育并无直接影响；随降雨持续，地表汇流冲刷地表，在低凹的微地形部位下切形成细沟，并通过股流持续冲刷，使沟头前进、沟底下切、沟岸扩张，逐步向浅沟、切沟和冲沟演变。春季融雪过程中，土体解冻趋于疏松，抗蚀性减弱，不均冻胀形成的裂隙成为沟蚀源头，经融雪汇流冲刷后发育为侵蚀沟。由于受降雨、融雪双重影响，东北侵蚀沟的形成在年内一般存在 7—9 月暴雨夏汛和 4—5 月融雪春汛 2 个主要时段（于章涛等，2014）。

（2）土壤。东北黑土区主要分布黑土、棕壤、黑钙土、暗棕壤、栗钙土等地带性土壤，以及草甸土、沼泽土、白浆土、风沙土和盐碱土等非地带性土壤。这些土壤虽然大多富含腐殖质，地力肥沃，但厚度多介于 0.2～0.6m，且土质疏松、土壤可蚀性较高。表土向下为 0.4～0.5m 厚的过渡层，再向下为黄土状亚黏土的母质层，其机械组成以粗粉沙和黏粒为主，黏粒（粒径小于 0.002mm）含量约占 40%，质地黏重，透水性差，导致上层遭遇夏季集中降雨时极易饱和，地表容易形成径流，造成冲刷（蔡强国等，2003）。一旦地表被剥蚀，下面的过渡层和母质层极易被冲刷下切，沟蚀发育迅速。

（3）地形。东北黑土区坡度较缓，坡长对侵蚀沟的形成发育贡献最大，只要坡面够长，即使坡度很小，超过临界汇流面积后也会因足够的径流冲刷而导致沟蚀（刘宝元等，2008）。尤其在漫川漫岗地区，虽然整体坡度平缓，但多呈波状起伏，形成许多具有一定集水面积的集中汇流路径，遭遇夏季降雨或春季融雪时，地表径流汇集冲刷局部水线，往往形成浅沟或切沟。对于坡度而言，大量野外调查显示，东北黑土区浅沟发育的临界坡度 3°左右、临界坡长 200m 左右、临界汇水面积 3hm² 以上（胡刚等，2009）。除坡面坡度外，沟头部位的局地坡度也是侵蚀沟形成和溯源侵蚀发展的重要因素，常与上方汇流面积一同来辨识沟蚀出现的潜在地貌部位（李浩等，2019）。也有研究认为，沟蚀首要地形因子在不同情况下存在变化，坡度小于 7°时，坡度是其发育的主导地形因素，沟蚀随坡度增大而加剧；坡度大于 7°时，坡度因素不再是侵蚀沟发育的主导地形因素（杜国明等，2011）。因此，单以坡度为判定依据时，5°～7°应是东北黑土区沟蚀发生的重要地形阈值，阈值以下沟蚀更易发生。但具体沟蚀易发坡度范围尚待进一步确定，2°～3°（王文娟等，2009）和 5°～7°（杜国明等，2011）均有报道。另有研究提出，作为流域单元地形地貌特征的重要参数，长宽比与沟蚀发育关系密切（许晓鸿等，2014）。除此以外，一些典型区域分析还认为，东北黑土区沟壑密度存在距水系越近越高、随海拔高度增加先迅速上升后缓慢下降、随坡面趋阳而增加等分布规律（王文娟等，2009；杜国明等，2011）。

（4）地表覆盖。东北黑土区的土地垦殖率高，当原始林地、草地变为耕地后，水土流失强度相应增大，沟蚀也更加易发多发。在黑龙江克东地区的遥感监测显示，耕地中的侵蚀沟面积最大、侵蚀沟裂度增长速度最快，伴随林地和未利用地的开垦，沟蚀状况不断加剧（李茂娟等，2019）。同时，由于地形长缓，该区的农田集中连片，田间林带等防护型林草植被覆盖率很低，而大面积林地主要集中在大、小兴安岭和长白山一带的林区，使得区内较高的森林植被覆盖难以对农田土壤侵蚀发挥出明显的抑制作用（范昊明等，2004）。除通常认为的植被覆盖外，收获后秸秆和残茬也是东北农田内影响水土流失的重要地表覆盖。研究表明，秸秆覆盖可较翻耕裸露的坡面径流减少 87%，并几乎完全控制产沙（杨青森等，2011），而对于沟蚀而言，当沟头覆盖后，沟蚀量可减少 70%左右，并减弱沟内集中水流的侵蚀和搬运能力，有效防治沟蚀发育（温磊磊等，2004）。然而，秸秆覆盖、还田和留茬等保护性耕作措施也是近年来才开始大力推行，且目前的实施规模还比较有限。过去很长一段时期内，农田收获后因缺少地表覆盖而存在严重水土流失。

（5）人为耕作。东北黑土区现有耕地约 5 亿亩，占全国耕地的 20%以上，广袤的耕地本来就提高了水土流失风险。同时，该区顺坡起垄耕作十分普遍，在黑龙江宾县的典型抽样调查表明，3/4 的农田采用顺坡或接近顺坡的垄作方式（赵玉明等，2012），而与无垄作坡面相比，顺坡垄作坡面径流和侵蚀分别增加了 1.2~1.7 和 1.3~2.1 倍，且垄沟的集中汇流作用使坡面径流流速增加了 1.0~2.3 倍，径流剪切力增加了 70% 至 1.2 倍，主要侵蚀方式由片蚀转为细沟侵蚀（边锋等，2016）。虽然近年来随着黑土地保护的推进，将顺坡垄作调整为横坡垄作作为一项水土保持措施一直在被推荐，实施规模逐渐增大，但横坡垄作坡面在遭遇短历时暴雨时，又往往因垄沟内的超渗径流逐渐汇集后在垄台脆弱或低洼处破垄而出，形成集中股流冲刷，加剧切沟侵蚀（孟令钦等，2009）。

1.2.2　主要成因

综合东北黑土区侵蚀沟的分布特征及其形成发育的影响因素与规律，导致该区侵蚀沟量大害深的主要成因可以归结为以下 4 个方面：

（1）冬春土壤冻融，夏季降雨集中，为侵蚀沟形成提供了双重叠加的外部营力。

（2）黑土层浅薄、抗蚀能力弱，表土以下过渡层和母质层透水性差，地表极易形成降雨和融雪产流，上松下实的分层土壤结构是侵蚀沟量大害深的重要因素。

（3）地形长缓，坡型起伏，使坡面汇水路径复杂，径流集中冲刷部位多变，是侵蚀沟易发难治的关键制约。

（4）顺坡垄作的耕地集中连片，且缺少植被防护，是侵蚀沟密集多发的根本成因。

1.3　东北侵蚀沟防治

作为水土流失防治的重要内容，正式的东北黑土区侵蚀沟防治工作始于 2003 年启动的"东北黑土区水土流失综合防治试点工程"，之后国家农业综合开发办公室和水利部于 2008 年和 2011 年先后开展"东北黑土区水土流失重点治理"一期和二期工程，连续实施至 2016 年。这一阶段，侵蚀沟防治主要随小流域和坡耕地治理同步进行，可谓是以坡面为主、沟道为辅的治理起步阶段。

2015 年国务院批复的《全国水土保持规划（2015—2030 年）》将东北黑土区作为重点治理区域，并将该区侵蚀沟综合治理等作为重点治理项目，明确了"遏制侵蚀沟发展，保护土地资源，减少入河泥沙"的任务目标。水利部

2018 年又专门印发《东北黑土区侵蚀沟治理专项规划（2016—2030 年）》，并于 2017 年开始，启动东北黑土区侵蚀沟综合治理水土保持重点工程。截至目前，首轮 5 年即将实施完成，正在规划启动"十四五"治理项目。这一阶段，侵蚀沟防治以专项形式重点开展，可谓是以沟道为主、坡面为辅的治理发展阶段。

通过近 20 年的国家水土保持生态治理，东北黑土区的水土流失面积由 2000 年的 28.2 万 km² 减少至 2019 年的 22.2 万 km²，水土流失率下降 5.5 个百分点，土壤侵蚀强度整体下降、侵蚀沟持续快速增加的态势得到遏制。然而，坡耕地和侵蚀沟的水土流失累计治理率分别还不足 5% 和 1%，农田保护性耕作的实施规模也十分有限，坡耕地水土流失面积甚至出现波动性增大，包括侵蚀沟在内的黑土地水土流失和退化问题依然是国家粮食和生态安全的重要威胁。为此，2020 年中央 1 号文件再次将"推进侵蚀沟治理"作为"对标全面建成小康社会，加快补上农村基础设施和公共服务短板"的重要内容。可以说侵蚀沟治理已成为当前和今后一段时期东北黑土区生态建设的重中之重。作为国家保障粮食安全的"压舱石"和实施乡村振兴、绿色发展的"主阵地"，东北黑土区的侵蚀沟防治仍然具有迫切需求和重大意义，亟待进一步创新防治理念、丰富防治手段、强化科技支撑、加大治理投入，开启新时代东北黑土区侵蚀沟防治新阶段。

1.3.1 基本原则

侵蚀沟量大面广、类型多样、变化复杂，防治中应坚持如下原则：

（1）分区与分类精准施策。东北黑土区地域辽阔，不同地区侵蚀沟防治的对象特征与客观条件存在差异，应在明确区划、类型、重点、需求的基础上，按不同分区、分不同类型，针对性制定"路线图""时间表"和"任务书"，形成符合实际又各具特色的防治对策与布局。

（2）坡面与沟道协同治理。东北黑土区的侵蚀沟主要分布于坡耕地和疏林地内，坡面是沟道的依存载体和发育动力来源地，沟道是坡面的局部单元和水沙输出主路径。因此，治沟是标、治坡是本，条件允许的前提下，坡沟并治才能实现水土流失的产汇流和产输沙全过程系统调控，获得彻底和持续的防治效果。

（3）理水与防蚀系统设计。侵蚀沟作为水力主导下的严重水土流失，其表象是侵蚀，根子在径流。因此，在治沟设计中，要针对坡、沟地貌系统，科学配置以拦、护为基本作用机制的防蚀措施和以排、导为基本作用机制的理水措施，形成以径流调控为主线、土壤保育为目标的水土保持措施体系。

（4）防护与利用因地制宜。作为黑土地保护的重要内容，侵蚀沟防治应以维护和促进黑土资源可持续利用为核心目标，控制水土流失的基础上，统筹农业生产、乡村振兴和绿色发展等需要，从山水林田湖草生命共同体和谐共生角度，合理确定生态防护和开发利用等不同治沟方向，科学配置沟壑资源化利用模式。

1.3.2　主要措施

通过当地水土保持工作的长期实践，尤其是 21 世纪初期以来近 20 年国家水土保持重点工程实施，形成了一批有效的水土保持措施。2009 年水利部制定颁布了《黑土区水土流失综合防治技术标准》（SL 446—2009）（水利部，2009），明确了水土流失防治分区、土壤侵蚀分类分级和水土流失综合防治技术。其中，直接针对侵蚀沟的治理措施包括削坡（slope cutting）、堡带（turf belt）、柳跌水（wicker waterway）、固沟林（forest steadying gully）、石笼谷坊（stone basket check dam）、编织袋谷坊（fibrage - bag check dam）等；针对侵蚀沟发育的主要驱动因素"坡面汇水调控"的间接治沟措施包括台田（checkered terrace）、鼠道（mousehole）、竹节壕（Bamboo trenches）、垄向区田（ridged - furrow）、横坡改垄（contour riding）和地埂植物带（shrubbery buffer strip）等。以上措施由于纳入了技术规范，在重点治理工程中得到较广泛推广应用。

随着 2017 年东北黑土区侵蚀沟综合治理水土保持重点工程的实施，更多针对侵蚀沟治理的措施得到总结、改进、研发和应用，具有特色的主要包括针对侵蚀沟沟头防治的封沟埂（导流埂）（bunds in gully boundary）、石（垄）跌水（stone basket waterfall）等，针对沟坡防治的柳桩、石笼和生态砖等各式护坡（revetment），针对沟底防护的植物、干砌石、浆砌石等各式谷坊等，以及针对沟体防护的植物封沟（densely planted vegetation in gully）、秸秆填埋复垦（filling gully with straw and rehabilitation）等（张兴义等，2019）和针对坡面治理的双埂带（复式地埂）（double earth bunds）等（宋春雨等，2017）。

综观东北黑土区现有的侵蚀沟防治相关措施，虽然名目不少，但多为不同修筑材料的相同方法，或者相同方法的不同叫法。除此以外，很多时候具有特定功能的独立措施（方法）又会同针对一定目的而由多种措施（方法）组合形成的模式混为一谈，给东北黑土区的侵蚀沟防治技术研究和应用带来障碍。为此，本书以具有特定功能的单项措施（方法）为对象，按照针对坡面、沟头、沟坡、沟底、沟体等不同侵蚀部位的方式进行划分，并将不同材质的相同措施（方法）进行归并，尝试总结了东北黑土区的现有治沟相关措施（方法）体系，如图 1.4 和表 1.4 所示。

图 1.4 东北黑土区侵蚀沟防治措施应用部位示意图
①—坡面；②—沟头；③—沟坡；④—沟底；②+③+④—沟体

表 1.4　　　　　　　　东北黑土区侵蚀沟防治措施体系名录

序号	应用部位	措施	不同材质/形式
1	面向汇水坡面	改垄	横垄、斜垄、垄作区田
		地埂	竹节壕、地埂植物带、复式地埂
		梯田	坡式梯田、水平梯田、台田
		排水	草水路、鼠道排水、暗管排水
		整地造林	鱼鳞坑整地造林、水平阶整地造林
		自然封育	轮牧休耕、退耕禁牧
2	面向侵蚀沟头	封沟埂	裸露封沟埂、植草（树）封沟埂
		跌水	柳编跌水、石笼跌水、干砌跌水、浆砌石跌水
		护坡	石笼护坡、生态袋护坡、浆砌石护坡、秸秆打捆护坡
		排水	管道排水、箱涵排水、渠槽排水
3	面向侵蚀沟坡	整地造林	鱼鳞坑整地造林、水平阶整地造林、削坡开级造林
		护坡	柳桩护坡、石笼护坡、生态袋护坡、浆砌石护坡、生态砖护坡
4	面向侵蚀沟底	谷坊	土（袋）谷坊、植物谷坊、干砌石谷坊、生态袋谷坊、浆砌石谷坊、预制件谷坊
		植被恢复	堡带植草、连续柳编跌水、沟底造林
5	面向侵蚀沟体	植被恢复	植草排水、植物封沟
		直埋复垦	秸秆填埋复垦、煤矸石填埋复垦

1.3.3 技术模式

伴随 21 世纪初期以来将近 20 年的国家水土保持重点工程实践，东北黑土区探索出许多行之有效、特色鲜明的侵蚀沟防治技术模式。如在黑龙江拜泉县和农垦区分别总结出应用良好的连续式柳跌水（任宪平，2013）和秸秆填沟复垦（张兴义等，2018）治沟模式，在吉林东部、辽宁西南部和内蒙古东北部山丘区重点工程项目区涌现出行之有效的谷坊群综合治沟、种养游多元治沟、乔灌草立体封沟等模式（水利部，2017）。同时，针对漫岗和丘陵两大地貌区，也分别提炼出"沟壁削坡筑堤造林、沟内栽植植物谷坊、沟底修建拦沟闸堤"（于明，2004）、"回填、植垡、插柳"（翟真江等，2005）等治沟技术体系，以及包含坡面和侵蚀沟的"三道防线"和"金字塔式"等小流域综合治理模式（武龙甫，2007）。除此以外，根据黑土地垦殖率高、农业生产需求强，传统水土保持措施不易落地推广等特点，笔者也曾提出过基于防蚀措施对位配置的综合治理，以及面向土地利用需求维持的分类治理思路（秦伟等，2014）。

　　基于这些经验，在水利部制定的《东北黑土区侵蚀沟治理专项规划（2016—2030 年）》中，也分别给出了针对漫川漫岗区和低山丘陵区的典型治沟模式（水利部，2018）。然而，在地理和生态学领域，所谓防治或治理技术模式，通常是指针对特定地理或生态问题，基于一定的自然和经济背景，围绕相对集中的目标，通过综合运用若干措施或方法，所形成的具有主导功能和效果，且能够在一定范围复制推广的措施体系或技术方案。从这个意义上讲，目前不同报道和规划等所提及的模式在名称提法上还较凌乱、内涵界定上还不统一、类别划分上还不系统，对治理经验的进一步总结、应用、示范和推广造成障碍。为此，本书在明确概念的基础上，对东北黑土区侵蚀沟防治技术模式进行了全面总结提炼，形成了标准化模式体系。

　　根据东北黑土区的自然和社会条件，所谓侵蚀沟防治技术模式，即：以保护与合理利用黑土资源为目标，针对不同类型侵蚀沟，按照具有主导功能的防治方向，在坡面与沟道不同侵蚀部位针对性配置生物或工程措施体系的高效技术方案。可按防治方向分为治理恢复类、开发利用类 2 个类别，依据主导功能具体包含以下 8 种模式：

　　（1）Ⅰ-1：封禁修复保护型治沟模式。通过对侵蚀沟及所在坡面，采取轮牧休耕或退耕禁牧等封禁管理，降低人为扰动，促进林草植被自然恢复，从而控制并逐步消除侵蚀沟发育扩展，实现局地生态系统自我修复的技术方案，属于以治理恢复为方向、以预防保护为主导功能的治沟模式。这类技术模式多被应用于内蒙古东北部和黑龙江北部的大兴安岭山地水源涵养生态维护区、小兴安岭山地丘陵生态维护保土区范围内，发育在稀疏林、草地和一些偏远破碎坡耕地上的侵蚀沟防治（白建宏，2017b）。

　　（2）Ⅰ-2：减蚀固沟防控型治沟模式。通过在侵蚀沟及所在坡面，主要采取沟埂、跌水、谷坊、护坡等工程措施，必要时辅以适当植被措施，从而防治沟头前进、沟坡崩塌、沟底下切，实现侵蚀沟道稳定安全的技术方案，属于以治理恢复为方向、以固沟防蚀为主导功能的治沟模式。这类技术模式在漫川漫岗和低山丘陵地区均广泛采用，不同地方具体依据沟道发育特征和环境条件选用不同修筑材质和防护作用的工程措施。其中，石笼和柳编材质的跌水、谷坊等措施最具特色，常在一条侵蚀沟道内分级连续布设。

（3）Ⅰ-3：林草恢复治理型治沟模式。通过在侵蚀沟及所在坡面，直接或整地后人工种植乔、灌、草植被，必要时辅以适当工程措施，从而减缓地表径流，增加地表覆盖，增强土体稳定，实现侵蚀沟稳定生态的技术方案，属于以治理恢复为方向、以修复植被为主导功能的治沟模式。这类技术模式在漫川漫岗和低山丘陵地区均广泛采用，不同地方具有依据沟道地形规模和沟内立地条件采取不同的整地方式、选区不同的植物种类。其中，较有特色的造林方式为针对大中型侵蚀沟沟坡的削坡开级造林，以及针对中小型侵蚀沟沟底的连续柳桩跌水和埂带覆盖植草等。一般选用耐瘠薄、枝叶密的速生树种，如苕条、沙棘、胡枝子、紫穗槐等灌木和杨树、松树、柳树、刺槐等乔木。

（4）Ⅰ-4：平沟造地复耕型治沟模式。通过机械翻耕挖填或采用客土、秸秆等物料填埋方式，消除沟道低凹地形，恢复所在坡面的地块完整性及其原有耕种利用方式的技术方案，属于以治理恢复为方向、以耕地复垦为主导功能的治沟模式。如在黑龙江引龙河农场发源的秸秆填埋复垦技术，通过秸秆打捆填沟、竖井暗管导流，表土回填设埂等方法集成，可将侵蚀沟恢复为耕地，并将地表径流转移至表土以下排导，实现沟毁耕地再造，已在垦区累计应用治沟300余条，恢复耕地约2000亩（张兴义等，2018）。

（5）Ⅱ-1：经济植物兼用型治沟模式。通过对坡面和沟道不同部位，适当进行鱼鳞坑、水平阶或削坡开级等不同程度整地后，主要栽植具有经济价值的林草植被并进行持续管护，必要时配套一定防护性植被或工程措施的技术方案，属于以开发利用为方向、以经济作物种植收益为主导功能的治沟模式。如在黑龙江巴彦县江北村的大中型侵蚀沟治理中，除沟头采取穴状整地后带状栽植小黑杨和胡枝子混交防护林外，沟坡和沟底均栽植果树，并在结果前套种大豆和蔬菜，造林整地形成的埂顶、埂坡上种植草莓和黄花菜，进行农林复合经营。据调查，该模式幼林期可提高土地产出2～4倍，成林后提高至10倍以上，产投比可达320%（石长金等，1995）。

（6）Ⅱ-2：循环农业利用型治沟模式。通过采用必要工程和生物防护措施，有效控制水土流失的基础上，在沟道和所在坡面内开展农、林、畜、牧、渔等两种及以上生产活动，并实现相互间资源循环利用和全链条整体效益提升的技术方案，属于以开发利用为方向、以循环农业经营为主导功能的治沟模式。如在黑龙江拜泉齐心村，首先对侵蚀沟沟头布设柳跌水、沟底修建土柳谷坊、沟岸种植苕条、沟口修筑塘坝以系统控制荒坡侵蚀沟发育后，在坝下种稻、坝上放鹅、塘内养鱼，利用鹅粪促林喂鱼、鱼肥还田养稻，初步形成家农-林-鱼-禽生态农业模式，实现人均年收入 5000 元左右（韩继忠等，1996）。

（7）Ⅱ-3：以沟代库供水型治沟模式。通过在山丘区大中型侵蚀沟内筑坝蓄水，并配套引灌沟渠及必要的防护和绿化措施，变沟道为农业生产和农村生活饮用水源地的技术方案，属于以开发利用为方向、以水资源利用供给为主导功能的治沟模式。如在辽宁兴城头里沟村，通过在长 2400 余米的主沟内修筑 56 座拦蓄坝，并配套修建 1000m 石渠、6500m 导流墙及大量梯台田与经果林，不仅解决了 100 多户农民的饮水问题，还促进了周边乡村经济发展（王宝桐等，2014）。

（8）Ⅱ-4：景观提升开发型治沟模式。通过在具有一定经济基础和需求受众的城镇郊野，对大中型侵蚀沟或侵蚀沟群进行工程和生物措施相结合的系统治理，并适当配套修筑便道与水系，种植观赏性树种与花草，打造景观性小品与廊亭等，变沟道为自然休闲地的技术方案，属于以开发利用为方向、以观光游览为主导功能的治沟模式。这类技术模式在东北黑土区尚不多见，仅在辽宁兴城、铁岭等地的城郊侵蚀沟治理中偶见雏形，但随着乡村振兴和绿色发展逐渐成为国家重要战略，可为今后侵蚀沟的分类特色治理提供更丰富的思路。

第 2 章　面向汇流坡面的典型生态治理方法

　　侵蚀沟的汇流坡面是指降雨或融雪产流后可汇集进入侵蚀沟道的坡面部分。每条侵蚀沟都存在其对应的汇流坡面，汇流坡面产生的径流通常主要由沟头集中进入沟内，有时也从沟缘线其他位置流入。东北黑土区由于地形长缓，侵蚀沟的上坡汇流面积较其他地区更大，多介于 $0.5\sim5hm^2$。汇流坡面是集中股流的形成地，是沟蚀形成发育动力的最初来源地，相应也成为侵蚀沟治理的重要部位。

　　由于在坡面多实施生产种植活动，因此对于坡面的治理必然需要考虑土地利用现状和需求。东北侵蚀沟主要形成在耕地、林地和草地坡面内，分别存在全区侵蚀沟总数的 58.1%、27.6% 和 12.1%。因此，目前对侵蚀沟汇流坡面的治理也主要包括针对农地坡面、林地坡面和草地坡面的 3 类措施。其中，林地和草地汇流坡面一般主要实施人工造林、植草或封禁恢复等措施，而农地汇流坡面则多结合坡面水土流失治理，采用修筑梯田、地埂、截排水沟等工程措施或将顺坡垄改为横坡垄作。限于气候地形和土地利用情势独特，目前针对林、草地汇流坡面的治理主要存在蓄水保土差或整地扰动强等问题，而针对农地汇流坡面的措施一般需占地 10%～15%，受占地约束常无法落地，即使实施落地后期也易遭到破坏，难以持续保存。据调查，21 世纪初期以来近 20 年间，东北黑土区实施的国家水土保持重点工程措施平均保存率仅 52%，尤以坡面措施较低，其中，水平梯田 44%、坡式梯田 38%、地埂植物带 28%，仅改垄措施保存率达到 82%，但大范围的推广实施也存在挑战。为此，本章分别针对上述背景和问题，优选了笔者及团队自主研发的长缓坡耕地宽面梯田和低扰动整地集雨造林 2 项坡面治理方法进行典型介绍。其中，长缓坡耕地宽面梯田主要适用漫川漫岗区的农地坡面耕地保护，低扰动整地集雨造林主要适用半干旱低山丘陵区的林、草地坡面植被恢复。

2.1　长缓坡耕地宽面梯田

　　东北黑土区水土流失在时间分布上可分为降雨侵蚀和融雪侵蚀。夏季降雨集中，雨强大，在地表形成径流，造成降雨侵蚀；冬季积雪较多的地区，在春季气温回升时集中融雪，在短时期形成径流，造成融雪侵蚀；全年土壤侵蚀呈明显双峰变化。尤其漫川漫岗区的坡面呈波状起伏连绵，坡度虽多不超过 5°，

但坡长一般介于 $500 \sim 1000m$，地形缓长、汇流面大，遭遇高强度或长历时降雨，极易形成大量地表径流，强烈冲刷表层土壤，从而在汇流集中部位常形成侵蚀沟。除此以外，为便于耕作，该区的坡耕地多采用顺坡垄作，形成人为汇流路径，更加剧径流集中冲刷和土壤剥蚀流失。因此，研发针对长缓地形和人为垄作共同影响下坡面理水防蚀措施，是土流失治理的重要手段。

目前，东北黑土区的坡耕地水土流失防治方法包括：3°以下主要采取横坡种植、保护性耕作等水土保持耕作措施，3°～5°修筑地埂植物带；5°以上以修筑坡式梯田、竹节梯田或水平梯田等水土保持工程为主，其中竹节梯田和水平梯田多在坡度超过8°后应用（水利部，2009）。这些措施在实际应用中，均存在不同程度的问题：单纯的改垄并不能有效疏导径流，遭遇夏季集中降雨，垄沟内汇集的径流冲毁垄台并形成侵蚀沟，对田块和集水区尺度而言水土保持效果有待提升；地埂植物带或者与改垄综合的治理措施，虽具有较好的水土保持效果，但还存在因占地和影响机修耕作而难以落地和推广，且后期管护成本高等问题；传统的梯田工程措施对表土开挖扰动强，占地多，且影响农机耕作，在 90% 以上坡耕地均不足 5°的东北黑土区适用范围比较有限。为此，针对长缓地形为主的坡耕地，研发简易实用、费省效宏的坡面理水减蚀措施，对于东北黑土区坡面水土保持和侵蚀沟防治都具有重要作用，需求迫切。

2.1.1　原理与方案

根据东北黑土区坡耕地水土流失特点和土地利用需求，针对现有措施存在的问题和不足，笔者研发提出了针对垄作长缓坡耕地理水减蚀的宽面梯田措施及其设计、修筑方法，技术解决方案具体包括：面向理水减蚀的自然坡型改造理念，宽面梯田田埂规格设计、宽面梯田田面宽度确定、宽面梯田排水草沟（路）布设。

2.1.1.1　面向理水减蚀的自然坡型改造理念

坡面内，地表径流的流量和流速是决定水流挟沙能力，进而决定土壤侵蚀强度的关键因素。在东北黑土区，坡面长缓，从坡顶至坡脚的方向上，随坡长增加，上坡汇流面积相应增大，地表径流不断汇集，流量和流速持续增大，剥蚀、搬运土壤的侵蚀动力相应增大，水土流失逐渐加强。因此，通过改变局部地形，调控汇流路径，从而截短坡长、降低侵蚀动力，是水土流失防治的关键。同时，东北黑土区，尤其在漫川漫岗区，坡面天然具有波浪状的起伏形态，通过增加坡面内的低凹沉积坡段，可降低径流流速，增加水分入渗，进而较规整的直型坡减少土壤流失，也由于依然保持了平缓连续的地表形态而不会影响农业耕种。

依据上述原理，该技术针对东北黑土区长缓垄作坡耕地，尤其是坡度8°以下的长缓坡耕地，提出通过适当挖填，改变局部地形高低，形成仿拟波浪状起伏的坡型，利用形似波峰的上凸坡段截断汇流坡长、拦截地表上坡水沙，形似波谷的下凹坡段促进径流入渗、增加泥沙沉积，从而在基本不占地和不影响传统耕种的同时实现理水减蚀。地形调整后，一个坡段单元包括两个上凸的波峰状地形（挡水埂）和一个下凹的波谷状地形，统称一个田面（见图 2.1），多个田面相连形成一块宽面梯田（见图 2.2）。

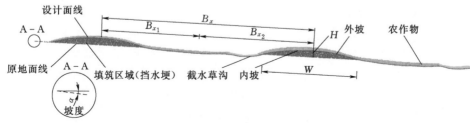

（a）顺坡垄作坡面增设横向截水沟

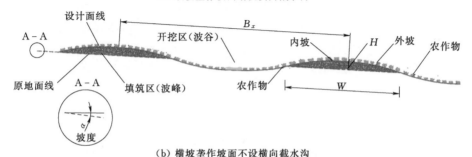

（b）横坡垄作坡面不设横向截水沟

图 2.1 宽面梯田断面示意图

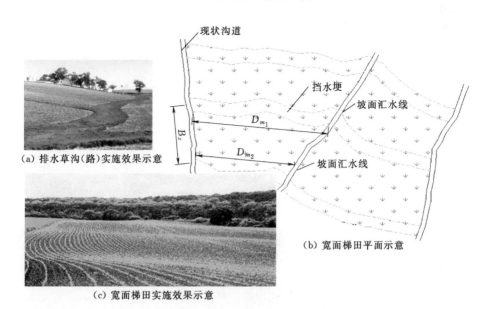

（a）排水草沟（路）实施效果示意

（b）宽面梯田平面示意

（c）宽面梯田实施效果示意

图 2.2 宽面梯田实施效果与平面示意图

2.1.1.2　田埂规格设计

宽面梯田挡水埂须具有拦蓄径流的作用，且不宜过高而影响机械化耕作，综合以上考虑，挡水埂高度（H）一般应设定为 $0.8\sim1.0$m。为方便机械化耕作，挡水埂所形成的上凸坡段坡度较和缓，其内坡坡比应介于 $1:8\sim1:10$（$5.7°\sim7.1°$），外坡坡比应介于 $1:6\sim1:8$（$7.1°\sim9.4°$），据此确定挡水埂的设计宽度（W）应介于 $12\sim15$m，包括内坡宽度 $6\sim9$m、外坡宽度 $5\sim7$m。

2.1.1.3　田面宽度确定

宽面梯田挡水埂的内坡坡度略缓于外坡，通过表土开挖，使田埂之间形成宽浅的略下凹田面。两个相邻的凸形田埂间的距离（B_x）视为田面宽度，是该措施的关键设计参数（图 2.1），可采用如下方法确定：

（1）基于浅沟侵蚀临界地形的田面宽度最大值。为避免浅沟侵蚀出现，宽面梯田的田面宽度不宜超过浅沟侵蚀发生的上坡汇流临界坡长。根据沟蚀发生的地貌临界理论（李浩等，2019），当上坡汇流坡长、汇流面积、局部坡度等达到一定阈值时，则可能因径流侵蚀能力超过土壤抗蚀能力而出现侵蚀沟头，进而演化为侵蚀沟。在此过程中，上述因素往往综合作用，因此很多研究选取两个指标点绘在二维坐标中，用散点分布的边界关系来判识浅沟侵蚀的发生区域，其中，浅沟坡度正弦值与上坡汇流面积的点绘关系最为常用（Cheng 等，2006；Vandekerckhove 等，2000；秦伟等，2010；Hayas 等，2017）。为了便于为宽面梯田设计提供约束性参数，该技术选用浅沟的上坡汇流长度与沟头坡降点绘关系。基于在黑龙江农垦九三分局鹤山农场两个面积共 6.4km^2 的小流域内所测坡耕地浅沟野外调查数据（张永光等，2007），绘制获得该区浅沟形成的汇流坡长与沟头坡度的临界关系，如图 2.3 所示。

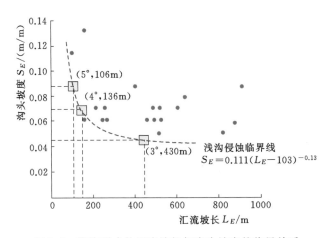

图 2.3　浅沟形成的汇流坡长与沟头坡度的临界关系

该区浅沟侵蚀发生的汇水面积介于 $1.3 \sim 10.6 \mathrm{hm}^2$，上坡汇流坡长介于 $104 \sim 881 \mathrm{m}$，沟头部位汇流坡降介于 $2.9° \sim 7.5°$。浅沟上坡汇流坡长（L_E）与沟头坡降（S_E）散点分布区域的下限切线，即为浅沟侵蚀发生的地形临界阈值，可用以确定田面宽度最大值。如当坡度为 $5°$ 时，图中对应的上坡汇流坡长为 $106 \mathrm{m}$，因此为避免浅沟侵蚀出现，此时的最大宽面梯田田面宽度不宜超过 $100 \mathrm{m}$；同理当坡度为 $4°$ 时，对应的最大田面宽度不宜超过 $130 \mathrm{m}$。不同地区应用时，可根据条件建立本区浅沟侵蚀地形临界关系。

（2）考虑机械耕作需要的田面宽度最小值。根据东北地区农机耕作对于田面宽度的要求，将最小田面宽度确定为 $15 \mathrm{m}$。

（3）基于容许土壤流失量的田面宽度推荐值。每个田面均由上部挡水埝的外坡及下延段（B_{x_1}）、下部挡水埝的内坡及上延段（B_{x_2}）共同组成，且两段长度基本一致（见图 2.1）。对于两个坡段的土壤侵蚀量，均可采用中国土壤流失方程（Chinese soil loss equation，CSLE）（Liu 等，2002）计算，相应坡长则按容许土壤侵蚀量和其他相关因子反推，即在一定覆盖和坡度条件下，为使土壤流失不超过容许土壤流失量所对应的最大坡长。据此原理，田面宽度推荐值可按下式计算：

$$B_x = B_{x_1} + B_{x_2} = 2\lambda = 40 \left(\frac{A_T}{R_T \cdot K \cdot S \cdot B \cdot E \cdot T} \right)^{1/m} \qquad (2.1)$$

式中：λ 为坡面（段）投影坡长，m；其余参数因子按如下算法或方式确定：

1）A_T 为坡面多年平均土壤流失量，$\mathrm{t}/(\mathrm{hm}^2 \cdot \mathrm{a})$，该设计中取典型黑土区容许土壤流失量上限，为 $2.0 \mathrm{t}/(\mathrm{hm}^2 \cdot \mathrm{a})$（水利部，2009）。

2）R_T 为坡地所在区域多年平均降雨-径流侵蚀力，$\mathrm{MJ} \cdot \mathrm{mm}/(\mathrm{hm}^2 \cdot \mathrm{h} \cdot \mathrm{a})$，为降雨侵蚀力和融雪径流侵蚀力之和，可按下式计算：

$$R_T = 0.0668 P^{1.6266} \qquad (2.2)$$

式中：P 为多年平均年降水量，mm。

3）K 为土壤可蚀性因子，$\mathrm{t} \cdot \mathrm{hm}^2 \cdot \mathrm{a}/(\mathrm{hm}^2 \cdot \mathrm{MJ} \cdot \mathrm{mm})$。若无实测资料，则采用东北典型黑土可蚀性因子值，取 0.0381（张科利等，2007）。

4）L 为坡长因子，无量纲。依据坡面（段）投影坡长计算：

$$L = (\lambda/20)^m \qquad (2.3)$$

式中：m 为坡长指数，θ 为坡地坡度，（°）。当 $\theta \leqslant 0.5°$ 时，m 取 0.2；当 $0.5° < \theta \leqslant 1.5°$ 时，m 取 0.3；当 $1.5° < \theta \leqslant 3°$ 时，m 取 0.4；当 $\theta > 3°$ 时，m 取 0.5。

5）S 为坡度因子，无量纲。依据坡面坡度计算：

$$S = 10.8 \sin\theta + 0.03 \qquad (2.4)$$

6）B、T 和 E 分别为生物措施因子、耕作措施因子和工程措施因子（均无量纲），分别表示实际生物措施、工程措施和耕作措施下（其他条件与标准小区相同）的土壤流失量与标准小区土壤流失量的比值。本书针对垄作坡耕地修筑宽面梯田后的下垫面状况，主要考虑顺坡垄作和横坡垄作两种耕种方式以及宽面梯田作为工程措施分别对水土流失的影响。其中，顺坡起垄作因作物覆盖可较裸露坡地减少水土流失，其作用以生物措施因子（B）反映；横坡垄作既有作物覆盖，又是一种水土保持耕作措施，其较裸露坡地减少水土流失的效果分别用生物措施因子（B）和耕作措施因子（T）反映。与原状直型坡相比，修筑宽面梯田后，其形似波谷的下凹田面可增加径流入渗和泥沙沉积，形似波峰的上凸状田埂可截断汇流坡长、拦截上坡水沙，其作用原理与地埂措施相近，但效果必优于单纯地埂。因此，将宽田面梯田的水土保持作用以工程措施因子（E）反映，并以地埂植物带的工程措施因子（E）值作为下限进行设计。上述因子值应根据设计区域的径流小区实测资料确定，无资料时可取本书给出的如下参考值。

为确定上述生物措施因子（B）、耕作措施因子（T）和工程措施因子（E）的参考值，本书收集了吉林东辽杏木、梅河口吉兴、黑龙江九三鹤北、宾县三岔河等 4 个流域内的共 15 个径流小区多年观测资料（见表 2.1），用以计算各因子取值。

表 2.1　　确定东北黑土区 B、T 和 E 因子取值的径流小区基本信息

地点	耕作/措施方式	种植作物	坡长/m	坡宽/m	坡度/(°)
吉林东辽杏木	横坡垄作	玉米	20	5	10
	顺坡垄作	玉米	20	5	5
	地埂植物带	玉米	20	5	5
	裸地	无	20	5	10
吉林梅河口吉兴	横坡垄作	玉米	30	5	7
	顺坡垄作	玉米	30	5	7
	地埂植物带	玉米	30	5	7
	裸地	无	30	5	7
黑龙江宾县三岔河	横坡垄作	大豆	30	5	6
	顺坡垄作	大豆	30	5	6
	地埂植物带	大豆	30	5	6
	裸地	无	30	5	8
黑龙江九三鹤北	横坡垄作	大豆	20	5	5
	顺坡垄作	大豆	20	5	5
	裸地	无	20	5	5

注　标准小区的坡长为 20m，坡度为 5°。

根据上述径流小区多年观测资料，并统一换算到标准小区的坡度、坡长条件下，获得年均标准土壤侵蚀量，并以裸地为基准，计算各因子取值。东北黑土区4种下垫面条件下的年均标准土壤流失量如图2.4所示。

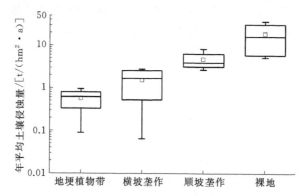

图2.4　东北黑土区4种下垫面条件下的年均标准土壤流失量

根据计算，对顺坡垄作的设计坡面，按生物措施因子（B）取0.376、工程措施因子（E）取0.180、耕作措施因子（T）取1计算；对横坡垄作的设计坡面，按生物措施因子（B）取0.376、耕作措施因子（T）取0.449、工程措施因子（E）取0.180计算。

7）根据上述设计方法和参数取值，计算了顺坡垄作、横坡垄作两种耕种方式下，不同降雨和坡度条件对应的宽面梯田田面宽度（B_x）推荐设计值，见表2.2。不同地区可直接参考应用，或酌情调整。

表2.2　　不同条件下垄作长缓坡宽面梯田田面宽度（B_x）推荐取值

垄作方式	坡度/(°)	降　雨　量								
		400mm	450mm	500mm	550mm	600mm	650mm	700mm	750mm	800mm
顺坡起垄种植	2	160	99	64	44	31	22	16	15	15
	3	62	38	25	17	15	15	15	15	15
	4	33	23	16	15	15	15	15	15	15
	5	22	15	15	15	15	15	15	15	15
横坡起垄种植	2	200	200	200	200	200	164	121	91	70
	3	200	200	184	125	88	63	47	35	27
	4	130	112	80	59	44	34	27	21	17
	5	100	73	52	38	29	22	17	15	15

注　表中田面宽度取值的单位均为m。

2.1.1.4　排水草沟（路）布设

（1）排水草沟（路）断面设计。每个田面间的径流被挡水埂拦截后会增加入渗，但当田面较宽且降雨较强时，需要及时排导径流，以降低破埂风险。为此，可在每个挡水埂的内坡坡脚随地埂同步修筑排水沟。为尽量减少占地，横向排水沟采用宽浅的排水草沟形式，兼具以沟代路的作用，纵向排水沟则尽量利用坡面原有的汇水线（沟道）进行植草，形成纵横联通的排水草沟（路）。排水草沟（路）按 10 年一遇的 1h 暴雨标准设计。根据对典型黑土区坡面汇水路径的调查，可利用的汇水沟道的宽度多介于 1.0～1.5m，深度多介于 0.3～0.4m。排水草沟（路）边坡坡比取 1∶1.5～1∶2.0。根据上述参数，可采用谢才公式计算排水草沟（路）设计流量：

$$Q_m = \omega (R^{1/6}/n)(R \cdot J)^{0.5} \tag{2.5}$$

式中：Q_m 为排水草沟（路）设计流量，m^3/s；ω 为过水断面面积，m^2；R 为水力半径，取水流断面面积与湿周的比值，湿周是指水流与排水草沟（路）断面接触的周长；n 为糙率，取 0.07（中国水土保持学会水土保持规划设计专业委员会等，2018）；J 为排水草沟（路）坡降，m/m。

（2）排水草沟（路）最大集水面积计算。依据排水草沟（路）的设计排水流量，可推算其排最大集水面积，再结合田面宽度，可确定两条排水草沟（路）的设计间距。其中，排水草沟（路）最大集水面积可用下式计算：

$$F_m = 100Q_m/(16.67\varphi \cdot q) \tag{2.6}$$

式中：F_m 为排水草沟（路）的最大集水面积，hm^2；φ 为径流系数，按坡耕地径流系数取值；q 为设计重现期和降雨历时内平均降雨强度，mm/min。

根据东北典型黑土区径流小区观测资料，可得顺坡垄作坡耕的多年平均径流系数（φ）可取 0.42（中国水土保持学会水土保持规划设计专业委员会等，2018）；考虑到一般情况下横坡垄作虽较顺坡垄作具有更强的径流拦蓄能力，但在 10 年一遇短历时暴雨的设计标准下，却存在地表径流在局部漫过或冲破垄沟的风险，从而拉高其全年整体径流系数，故横坡种植多年平均径流系数（φ）取值与顺坡垄作相同。

设计重现期和降雨历时内平均降雨强度（q）可采用下式计算：

$$q = C_p \cdot C_t \cdot q_{5,10} \tag{2.7}$$

式中：C_p 为重现期转换系数，为设计重现期降雨强度 q_p 同标准重现期降雨强度 q_5 的比值，该设计按 1.22 取值（中国水土保持学会水土保持规划设计专业委员会等，2018）；C_t 为设计重现期降雨历时 t 的降雨强度 q_t 与 10min 降雨历时的降雨强度 q_{10} 的比值（q_t/q_{10}）；$q_{5,10}$ 为 5 年重现期和 10min 降雨历时的标准降雨强度，mm/min。

按东北黑土区的 60min 转换系数，查中国 60min 降雨强度转换系数（C_{60}）等值线图，可得 C_t 取值范围为 0.35～0.38。查中国 5 年一遇 10min 降雨强度等值线图，可得东北黑土区 $q_{5,10}$ 取值范围为 1.6～2.0mm/min。由 C_p、

C_t 和 $q_{5,10}$ 的取值，相应可得 q 的有效范围为 $0.68\sim0.93\text{mm/min}$。

为保证顺利排水，将 q 取值范围最大值代入式 (2.6)，则可得不同坡度坡耕地对应的 F_m 取值，见表 2.3。

表 2.3 宽面梯田排水草路设计流量和最大集水面积

排水草路坡度/(°)	2	3	4	5
设计流量 $Q_m/(\text{m}^3/\text{s})$	0.22	0.26	0.30	0.33
最大集水面积 F_m/hm^2	3.41	4.03	4.61	4.99

(3) 排水草沟 (路) 间距规格。将 F_m 视为田面宽度 B_x 与两条相邻排水草沟 (路) 设计间距 D_m 的乘积。若坡段内的田面近似梯形，则 D_m 为两条相邻排水草沟 (路) 最小间距 (D_{m_1}) 和最大间距 (D_{m_2}) 的平均值 (见图 2.1)。据此，可采用下式获得不同坡长和坡度组合下的 D_m 取值：

$$D_m = 10000 F_m / B_x \qquad (2.8)$$

排水草沟 (路) 的实际间距需结合设计间距 (见表 2.4) 和坡面原有汇水线的具体情况确定。若相邻汇水线 (沟道) 的平均距离 $D \leqslant D_m$ 时，则可利用现状汇水线 (沟道) 修整植草形成排水草沟 (路)；若 $D_m < D \leqslant 1.5D_m$，可在将现状汇水线 (沟道) 改建为排水草沟 (路) 后，沿顺坡方向在沟内设置若干跌水，以减缓径流冲刷；若 $D > 1.5D_m$，则需补充新建纵向排水草沟 (路)。为尽量减少宽面梯田田块内的新建排水草沟 (路) 数量，可相应减小 B_x 设计值，以增大 D_m 的取值，即增加对应的排水草沟 (路) 设计间距。综合上述因素，建议 B_x 取值不宜超过 200m。

表 2.4 不同坡长和坡度组合下排水草路设计间距 (D_m)

排水草路坡度 /(°)	田面宽度 B_x				
	20m	50m	100m	130m	200m
2	1700	680	340	260	170
3	2010	800	400	310	200
4	2300	920	460	350	—
5	2490	990	490	—	—

注 表中取值为公式计算后的取整结果，单位为 m；"—"表示超过该坡度下的田面宽度上限。

2.1.2 条件与实施

2.1.2.1 应用条件

该技术主要适用于东北漫川漫岗区坡度 5°以下、田块面积较大的长缓垄作坡耕地，坡度大于 5°时地块也可酌情应用。应用时需首先获取坡面地形信息，因东北黑土区尤其是漫川漫岗区的地形起伏缓和，因此宜采用比例尺不小于

1：1000 的数字地形图建立设计地块数字高程模型（DEM），据此提取坡度、坡长等地形特征信息，并结合获取的遥感影像或 Google Earth 影像，判读耕种垄向。如具备条件，建议采用无人机对设计区域进行全覆盖、多角度拍摄，并通过影像分析获得地形、垄向和土地利用信息。

2.1.2.2　实施过程

（1）划分地块。根据实施范围的地形、垄向和土地利用信息，将其划分若干规划地块，即若干耕作方式一致的独立汇水坡面，再对每个地块逐一设计、实施。若规划对象仅为单独地块，则直接设计、实施。

（2）确定规格。针对独立地块，采用前述方法，确定拟修筑的宽面梯田的田面宽度、排水草沟（路）间距，并根据地块面积确定出需要修筑的拦水埂条数。

（3）修筑挡水埂。按照设计的拦水埂条数，自坡下向上逐个修筑。修筑每个拦水埂修筑时，先确定基线，该线为水平或基本水平，对应内坡和外坡的交界线，力求大弯就势、小弯取直，曲率半径不小于 50m。基线跨越洼地的地方，后续修筑拦水埂时应加高培厚，尽量使拦水埂顶部平顺。因坡长较大，每个拦水埂的修筑应以基线为基础，使用分土器和筑埂犁，将基线上、下分别开挖，就近从其上坡段和下坡段挖取表土，向中间堆填（见图 2.5），并可采用人机结合方式修筑。具体按如下 4 个步骤实施：

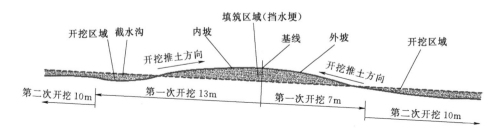

（a）顺坡垄作坡面增设横向截水沟

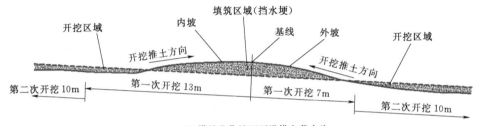

（b）横坡垄作坡面不设横向截水沟

图 2.5　宽面梯田挡水埂修筑示意图

1）分别清理基线上段和下段约 13m 和 7m 以内的表土，清理范围包括设计挡水埂和横向截水沟所在地表，清理深度为 0.15～0.20m（见图 2.5）。采用拖拉机牵引分土器，沿田埂线刮表土 2 次，第 1 次平均深 0.10m，第 2 次平均深 0.05～0.10m；基线上段表土堆放在基线以上约 30m 处，基线下段表土堆放在基线以下约 20m 处。如果坡面将顺坡垄作，则清理表土的同时，在挡水埂的内坡坡脚形成宽 4～5m、深 0.3～0.4m 的宽浅截水沟；若坡面将横坡垄作，则无须再填筑截水沟，每条横坡垄沟即可发挥横向排水作用，并与后续要修筑的纵向排水草沟（路）连通。

2）分别自第一次开挖坡的上沿和第一次开挖坡的下沿开始，清理其上段和下段约 10m 范围内的表土，清理深度为 0.15～0.20m，表土清理和堆放的施工方式与第一步相同。随后开挖 0.15～0.20m 厚的下层土，并将其堆填至拦水埂所在地表，使埂高达到 0.30～0.40m。开挖结束后，将第一次开挖的表土回覆至第二次开挖的原地面，回覆厚度与清理深度相同。

3）分别自第二次开挖坡的上沿和第二次开挖坡的下沿开始，清理其上段和下段 5～10m 范围内的表土，清理深度为 0.15～0.20m，表土清理和堆放的施工方式与第二步相同。随后开挖 0.15～0.20m 厚的下层土，并将其堆填至拦水埂所在地表，使得埂高达到 0.60～0.70m。开挖结束后，将第二步开挖的表土堆填至拦水埂所在地表，使挡水埂高达到设计高度；将第三步开挖表土回覆第三次开挖的原地面，回覆厚度与清理深度相同。翻土筑埂时人工辅助机械。拖拉机牵引筑埂坎犁，在土方堆填处翻土筑坎，每次筑埂高度为 0.30～0.40m，人工辅助踩拍田坎。

4）分别沿挡水埂内坡和外坡基线方向整平定型，将内坡修成 1∶8～1∶10 的坡比，将外坡修成 1∶6～1∶8 的坡比；平整田面，剩余表土还原。

（4）修筑草水沟。若利用现状坡面汇水线或侵蚀沟作为纵向排水草沟（路），则可与侵蚀沟治理及沟内的植被恢复相结合。若新建纵向排水草沟（路），则断面开挖完成后，对初露的原土层进行杂物清理和适当平整，再撒播植草或铺植草皮。草种可选择黑麦草、三叶草、狗芽根、小冠花等。排水草沟（路）开挖剩余表土可均匀回填至宽面梯田开挖坡段。对于因顺坡垄作而需在挡水埂内坡坡脚设置的宽浅截水沟，应与纵向排水草沟（路）一并撒播植草。同时，顺坡垄作时设置的宽浅截水沟或后期横坡垄作形成的垄沟，均应与纵向排水草沟（路）连通。

2.1.3 技术特点

该技术综合考虑了影响土壤侵蚀过程的主要因素，包括降雨、地形、土壤特征、土地利用和管理等，并基于坡长与垄作长缓坡耕地土壤侵蚀的关系及土

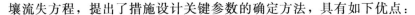

壤流失方程，提出了措施设计关键参数的确定方法，具有如下优点：

（1）具有良好的理水减蚀作用。通过适当挖填，改变长缓坡耕地局部地形高低，形成仿拟波浪状连续起伏的坡型，利用形似波峰的上凸坡段截断汇流坡长、拦截地表上坡水沙，形似波谷的下凹坡段促进径流入渗、增加泥沙沉积，并设置必要的排水草沟，排导径流。

（2）实施扰动小，措施占地少。该技术施工中的土方开挖量相对小，且分层开挖、表土回填，不会造成土地生产力损失。措施布设后，除顺坡耕作时所布设的排水草沟少量占用原有耕地外，其余再无新增占地，且可保持机械连续耕作。

（3）操作简便，成本较低。该技术采用以分土器、筑埂犁等基本农具和拖拉机即可完成实施，且无须强制改变垄向，单位面积的实施成本也低于现有其他坡面水土保持措施。

2.2　低扰动整地集雨造林

在东北黑土区禁垦坡度（黑龙江和内蒙古 15°、吉林 20°、辽宁 25°）以上或水土流失严重的坡耕地、荒坡地以及严重侵蚀沟的集水坡面，常采用人工栽植防护植被的方式进行水土保持治理。而在半干旱山丘地区，栽植防护植被往往需要进行水平阶或鱼鳞坑（穴状）整地，改变坡面局部地形，最大限度地拦蓄降雨径流、增加土壤入渗，提高林木根系周围的有效土壤水分，从而促进植被恢复。

现有常用的整地方式均存在开挖动土工程量大，坡面扰动强，且形成的土质台型或坑状局部地形结构不稳等问题，由此导致整地当年因扰动新增大量松散土质，遭遇强降雨水土流失较整地前大幅增加；整地多年因局部地形结构不稳，遭受长期径流冲蚀而严重损坏等问题。加之规划设计与实际施工中多缺乏以坡面水分供耗平衡为基础的适宜林木密度定量计算，导致整地当年人为水土流失量大，整地多年后工程雨洪损毁严重，林木保存率和成活率较低，人工植被系统结构稳定性和持续性不强等问题，无法满足持续有效防治水土流失和控制侵蚀沟发育的要求。为此，针对东北半干旱山丘区，研发稳定、精细、高效的低扰动整地集雨造林技术，对于坡面水土保持和侵蚀沟防治都具有重要作用，需求迫切。

2.2.1　结构与方法

根据东北半干旱山丘区坡面人工栽植水土保持型防护植被的需要，针对现有整地方式存在的问题和不足，笔者研发提出了低扰动整地集雨造林方法，技术解决方案具体包括：由弧形组件和矩形组件自由组装形成的新型分体式整地构件；符合多年降水与土壤水分条件的构件埋深深度和地表露出高度；基于坡面水分收支平衡原理、考虑降水条件和植被类型变化的构件布设位置与数量确定方法。

2.2.1.1 构件组成

（1）整体结构。为在保持和提升传统整地措施拦蓄径流、增加土壤入渗等基本功能的基础上，减少开挖、填筑对表土的扰动，并提高实施效率。该技术设计了一种坡面整地构件，如图 2.6 所示。该整地构件由一个弧形组件和两个矩形组件组装而成，形成具有一定弧度的曲面结构，矩形组件的顶端分别开设两个圆形孔，目的是在高强暴雨发生时起到排导超标准地表径流，减小暴雨对构件的冲击和对植被的浸淹作用。

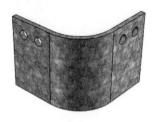  

（a）外侧俯视图　　　　　　　（b）内侧俯视图　　　　　　　（c）侧面俯视图

图 2.6　坡面整地构件三维效果图

（2）制作材料。该结构的构件可采用低价环保材料批量预制。如轻质混凝土（泡沫混凝土），主要由泡沫剂、硅质材料、钙质材料等环保材料混合搅拌、浇注成型，在材料内部形成大量细小的封闭气孔，同时具有较高强度，属于绿色环保新型材料，兼具密度小、质量轻、保温、抗震等优点。

（3）组件结构。通常在山丘区，因不同方位和坡位的光照与蒸发差异导致土壤水分存在显著空间异质性。为此，在设计构件尺寸时考虑到不同坡向和坡度立体条件下的土壤水分差异性以及野外施工的易操作性，将构件设计为分体式组装结构。实际应用时，可根据立地条件确定整体规格，据此选择组件组合形成具有不同规格的构件，由此实现易安装和易更换，大大提升了构件的实用性。具体而言，需小规格整地时，可只选用 1 个弧形组件（代替较小规格集雨坑/穴）；需大规格整地时，则可选用 1 个弧形组件和 2 个矩形组件组合形成整体构件（代替较大规格集雨坑/穴）。

（4）组件规格。对于组装后的整个构件（见图 2.7），外形呈圆弧状，弦长 0.80m；中间圆弧张开角度为 90°，弦长 0.60m，半径为 0.28m；两侧矩形组件横向宽度约 0.14m，竖向长度可在 1m 范围内适当确定；所有组件的厚度均为 0.05m；两侧矩形组件上部各设置两个排水圆孔，直径为 0.05m，圆孔中心距组件顶端 0.15m。

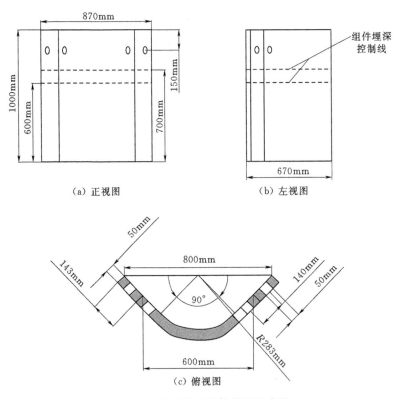

（a）正视图　　　　　　　（b）左视图

图 2.7　坡面整地构件外形尺寸图

（5）组件连接。圆弧状组件和两侧矩形组件的连接方式采用连锁组件，连锁组件外形结构如图 2.8 所示，即采用上凸下凹结构，与矩形组件和圆弧状组件的凹槽形状匹配，连锁组件与凹槽相互之间能形成自锁，不产生松动，在各种外力作用下均具有良好稳定性。根据构件整体规格，连锁组件的竖向高度约 0.05m，截面长度约 0.04m，截面两端为对称的梯形，梯形向外侧的底宽约 0.02m，向内侧的底宽约 0.01m，两梯形间的矩形部分长度约 0.02m（见图 2.9）。

2.2.1.2　构建布设

在实施的坡面内，自低海拔向高海拔方向，沿等高线逐行布设构件，最终呈"品"字形排布（见图 2.10）。每个（组）构件底端按铅直方向楔入土壤，上端面高于原坡面。

对于单个（组）构件，先沿铅直方向将圆弧组件楔入坡面，再逐一安装两侧矩形组件，最后安装连锁组件，形成构件整体。为深入植被根系对土壤水分

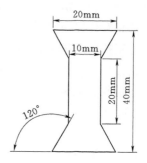

图 2.8　连锁组件外形结构图　　　　图 2.9　连锁组件横截面尺寸图

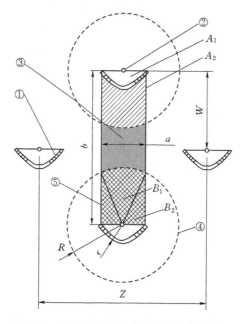

图 2.10　坡面整地构件水平投影布设示意图

①—整地构件；②—植物栽植位置；③—降雨产流汇水区；④—冠幅投影边界；⑤—林冠截留降雨
补给区；A_1—构件围挡面积；A_2—构件上部林冠遮蔽降雨补给区面积（扇环面积）；a—构件拦蓄
上部汇流宽度；b—构件上部拦蓄汇流长度；Z—布设构件后种植乔、灌林木的株距；W—布设构件
后种植乔、灌林木的行距；灰色填充区域—构件上部的主要降雨产流汇水区域；斜线填充
区域—构件内所选林木的林冠截留降雨补给区域；网状填充区域—构件上部所选林木
的林冠遮蔽降雨补给区域

的利用深度，埋深一般设置为 0.60～0.70m。根据东北半干旱山丘区通常的暴
雨径流深，并参照一般鱼鳞坑（穴）埂高，出露高度保留为 0.30～0.40mm。
同一坡面内，多个构件间的具体相对距离和数量以坡地水量收支平衡为基本原
则计算确定，即：以单个构件拦蓄范围内的有效供水量与植物耗水量、土壤蒸

发量达到动态平衡为约束，计算植被间距（株、行距），进而确定坡面内多个构件的相对位置与数量。具体方法如下：

确定构件上部的拦蓄汇流最小长度。以满足构件内单株林木（乔木或灌木）正常生长耗水为基本原则，在构件拦蓄上部汇流宽度确定的前提下，根据坡地水量收支平衡原理，计算确定构件上部拦蓄汇流最小长度（图 2.10 中的参数 b）。具体约束条件为：构件内单株林木（乔木或灌木）上部汇流量与其覆盖区林冠截留后的降雨净补给量之和大于或等于其覆盖区的水分消耗总量（包括林地土壤无效水填充量、林地土壤蒸发量和林木蒸散量），计算公式如下：

$$Q + N \geqslant W_f + E_0 + E_T \tag{2.9}$$

式中：Q 为构件拦蓄汇流量，mm；N 为构件内降雨净补给量，mm；W_f 为构件内土壤无效水填充量，mm；E_0 为构件内林地蒸发量，mm；E_T 为构件内林木蒸腾量，mm。

式（2.9）中，构件拦蓄汇流量（Q）是指安装构件并完成整地后，单个构件上坡汇入弧形构件拦蓄范围的地表径流量。可依据构件有效汇流面积、坡面年均产流系数和年均降雨量计算：

$$Q = (\alpha \times P \times A)/A_1 \tag{2.10}$$

式中：α 为所选林木类型成熟期平均林地年均产流系数；P 为年均降雨量，mm；A 为构件有效汇水面积，mm^2；A_1 为构件围挡面积，mm^2；其余参数含义同上。

式（2.9）中，构件内降雨净补给量（N）是指降雨过程中，经林冠截留后以林内降雨形式到达地表后形成了地表径流量。可依据年均降雨量、所选林木类型成熟期平均林冠降雨截留率计算：

$$N = [\alpha \times P \times (1-i) \times A']/A_1 \tag{2.11}$$

式中：i 为所选林木类型成熟期平均林冠降雨截留率；A' 为构件内林木在其上部的林冠遮蔽面积，mm^2；其余参数含义同上。

式（2.9）中，构件内土壤无效水填充量（W_f）是指降雨或径流入渗进入土壤后，首先填充土壤有效含水量以下、干季土壤最低含水量以上的水分亏缺，这部分水分不能直接用于植被生长耗水，因此称为无效水填充量。可依据所选林木类型成熟期平均根系层深度、对应土壤类型有效水与无效水分界值和年均最低土壤含水量计算：

$$W_f = \begin{cases} (\theta_i - \theta_0)L & (\theta_i \geqslant \theta_0) \\ 0 & (\theta_i < \theta_0) \end{cases} \tag{2.12}$$

式中：θ_i 为土壤有效水与无效水分界值，%；θ_0 为年均土壤最低含水量，%；L 为所选林木类型成熟期平均根系层深度，mm；其余参数含义同上。

上述公式中所需的相关参数，均可依据构件实际规格和所选林木类型的基本生态和耗水特征指标求取。

式（2.10）中，构件有效汇水面积（A）是指上、下两行构件之间，未被乔木或灌木冠层遮蔽的坡面垂直投影面积（图 2.10 中的灰色填充区域）以及构件上部林冠遮蔽降雨补给区面积（图 2.10 中的斜线填充区域），其中构件上部林冠遮蔽降雨补给区面积由于林冠截留了部分降雨，当按实际降雨计算时，可将其视为部分面积。具体依据构件实际规格及所选林木类型成熟期平均冠幅计算：

$$A = ab - A_1 - iA_2 - B_1 - 2B_2 \tag{2.13}$$

式中：a 为构件拦蓄上部汇流宽度，mm；b 为构件拦蓄上部汇流长度，mm；A_2 为构件上部林冠遮蔽降雨补给区面积（扇环面积），mm^2；B_1 为构件内林冠遮蔽降雨补给区的扇形面积，mm^2；B_2 为构件内林冠遮蔽降雨补给区的三角形面积，mm^2；其余参数含义同上。

式（2.11）中，构件内林木在其上部的林冠遮蔽面积（A'）是指构件内林木林冠遮蔽范围与其上部汇流范围的重叠面积，可依据构件实际规格及所选林木类型成熟期平均冠幅计算：

$$A' = B_1 + 2B_2 \tag{2.14}$$

式中：各参数含义同上。

将式（2.10）～式（2.14）代入式（2.9），即可导算获得求解构件拦蓄上部汇流最小长度（b）的计算公式：

$$b \geqslant (\alpha P A_1 + \alpha i P A_2 + \alpha P B_1 + 2\alpha P B_2 + \alpha i P B_1 + 2\alpha i P B_2$$
$$+ L\theta_i A_1 + E_0 A_1 + E_T A_1 - \alpha P B_1 - 2\alpha P B_2 - L\theta_0 A_1) / \alpha a P \tag{2.15}$$

式中：各参数含义同上。

由于上述计算均按投影面积计算，故实际在坡面上的构件拦蓄上部汇流长度还需按坡面坡度换算，即

$$B = b / \cos\theta \tag{2.16}$$

式中：θ 为坡面坡度，（°）；其余参数含义同上。

同时，为简化运算，可按林木种植位置位于构件弦长中点处对式（2.15）中的有关面积参数进行求解：

$$A_1 = \frac{1}{4} \times \pi \times r^2 + l \times r \tag{2.17}$$

$$B_1 = \pi \times R^2 \times \left[180° - 2 \times \arccos\left(\frac{a}{2R}\right)\right] / 360° \tag{2.18}$$

$$B_2 = \frac{1}{2} \times \frac{a}{2} \times \sqrt{R^2 - \left(\frac{a}{2}\right)^2} \tag{2.19}$$

$$A_2 = B_1 + 2B_2 - A_1 \qquad (2.20)$$

式中：r 为圆弧构件半径，mm；l 为矩形构件横向宽度，mm；R 为所选林木类型成熟期平均冠幅半径，mm；其余参数含义同上。

式 (2.15)～式 (2.20) 中包含 13 个参数。其中，圆弧构件半径（r）、矩形构件横向宽度（l，同矩形组件横向宽度）、构件拦蓄上部汇流宽度（a，同构件弦长）为构件规格指标，通常为定值，特殊情况变化构件尺度时，相应调整；坡面坡度（θ）、年均降雨量（P）、土壤有效水与无效水分界值（θ_i）、年均土壤最低土壤含水量（θ_0）、坡面年均产流系数（α）属区域地形、气象、土壤与水文基础指标，根据应用该方法的实际区域查阅资料选定；林木成熟期平均林冠降雨截留率（i）、林木成熟期平均根系层深度（L）、林木成熟期平均冠幅（R）、林地年均蒸发量（E_0）、林木年均蒸腾量（E_T）属林业生态基础指标，根据应用该方法时所选乔、灌林木树种查阅资料确定，也可通过观测试验获取。

2.2.2 条件与实施

2.2.2.1 应用条件

该技术主要适用于东北半干旱低山丘陵区坡度 15°以上禁垦坡地的退耕还林或 5°～15°坡耕地内的防护林带营造等人工植被恢复整地。应用时需首先获取实施区域的地形信息，并划分为坡度、坡向等立地条件相对一致的基本坡面单元，再逐一确定需要进行整地坡面单元及其栽植树种。地形信息和单元划分宜基于比例尺不小于 1:1000 的数字地形图或对应精度数字高程模型（DEM）进行或勘测勾绘。

2.2.2.2 实施过程

（1）选定构件规格。根据需要整地的基本坡面单元立地条件，选择组件数量，组合形成整体构件。当需小规格整地时，可只选用 1 个弧形组件（类似直径 0.6m 的小穴）；需大规格整地时，可选用弧形组件和 2 个矩形组件组合形成的整体构件（类似直径 0.8m 的大穴）。

（2）确定构件布设位置与数量。首先根据选定的植被种类，确定株距，将其作为水平方向两个构件之间的距离，通常灌木介于 0.5～1.0m，乔木介于1.5～2.0m；其次，基于坡地水量收支平衡原理，采用前述计算方法，按照实际应用该方法的区域气象、地形、土壤以及既定林地类型，通过查阅资料或实地量测确定相关参数，进而计算沿等高线方向两行构件间的距离，即林木行距。依据林木株距、行距即可确定植被种植密度，即相应的构件数量。

（3）构件布设。在一个基本坡面单元内，按海拔自低向高方向，沿等高线逐行布设构件，最终呈"品"字形排布。对于单个构件，先沿铅直方向将圆弧

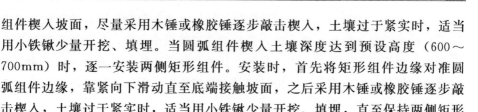

组件楔入坡面，尽量采用木锤或橡胶锤逐步敲击楔入，土壤过于紧实时，适当用小铁锹少量开挖、填埋。当圆弧组件楔入土壤深度达到预设高度（600～700mm）时，逐一安装两侧矩形组件。安装时，首先将矩形组件边缘对准圆弧组件边缘，靠紧向下滑动直至底端接触坡面，之后采用木锤或橡胶锤逐步敲击楔入，土壤过于紧实时，适当用小铁锹少量开挖、填埋，直至保持两侧矩形组件顶端与圆弧组件齐平即可。弧形组件和两侧矩形组件均安装完毕后，将连锁组件楔入两个组件凹槽内，各组件安装完成后，利用木锤或橡胶锤沿构件与坡面接触边缘夯实土壤，减小构件与土壤间的缝隙，增强构件稳定性。每个构件按照上述方法逐一布设，直至所需构件全部布设完毕。

（4）植被栽植。根据所定树种和构件径流拦蓄能力，栽植时，可选用扦插、植苗或穴播 3 种方式，其中，扦插和植苗在东北黑土区最为常用。栽植灌木柳时多采用扦插方式，春、秋两季均可实施：通常选取直径 5～10cm 的端直活柳枝杆，截成 1.5～2.0m 长的柳条，将其插入土中至少 0.20m；插好后剪枝，地面出露 0.20m 左右。栽植乔木一般采用植苗方式，多在春季栽植：先在布设好的构件内用小铁锹人工挖穴（坑），大小和深度应略大于苗木根系；再将苗木植入穴内 0.3～0.5m，地上部分随苗高、苗龄而定，一般不超过 0.8m，注意保持苗木竖直、根系舒展、深浅适当；最后覆土，填土一半后提苗踩实，继续填土踩实，最上部覆虚土。

（5）配套管护。在降雨偏少、土壤沙化的地方，植被栽植后可适当施用保水剂，增加土壤持水性，提高林木成活率和水分利用率。扦插和植苗栽植时，若需施用保水剂，则一般采用根部涂层方式：在保水剂吸水形成的凝胶中加入适量腐殖土和草木灰调成浆，将植物根部蘸浆后包膜再运输、栽植。植被栽植当年一般应控制杂草，次年成活率林木若不足 50％则需在秋季及时补植，郁闭前持续管护。

2.2.3 技术特点

该技术针对半干旱山丘区的自然气候与地形特点，提出了一种低扰动整地集雨植被恢复方法，并基于坡面水分收支平衡原理，提出了不同降雨条件和植被类型条件下的整地构件布设位置与数量确定方法，具有如下优点：

（1）设计定量、实施简易。通过基于水量平衡的计算方法，可快速确定构件布设数量和位置，据此直接布设预制构件即完成实施，大幅提升了整地措施的定量化和精细化，减少了人力投入，提高了实施效率。

（2）减少地表扰动和人为水土流失。实施过程中无须过多开挖填筑，较传统整地方法大大降低地表扰动，从而有效控制了整地当年的新增人为水土流失。

（3）有效拦蓄增渗和促进植被恢复。该技术的预制构件可有效拦蓄正常降雨下的地表径流，增加土壤入渗，并排导超标准暴雨产流，从而增强整地工程稳定性，较传统方法兼具保水、防涝、抗冲的综合优势，且基于水量平衡原理可准确计算满足坡面水分承载的适宜林木种植密度，保障植被持续稳定。

第3章　面向侵蚀沟头的典型生态治理方法

侵蚀沟的沟头，一般指沟道与上部汇流坡面相接的弧形、坎状下切部位。细沟、浅沟的沟头较浅，不超过 0.5m；切沟和冲沟的沟头较深，多达 1m 甚至数米。因遭受上坡来水集中冲刷，沟头的溯源侵蚀强烈，常向上坡方向不断前进，是侵蚀沟治理的重点部位。

根据作用原理不同，沟头治理措施主要分为拦蓄类和排导类。拦蓄类沟头治理措施包括沿弧形沟头环布沟边埂、截流沟、蓄水池，或在上坡栽植防护林，以减少或阻断集中汇流对沟头的冲蚀，维持沟头稳定。排导类沟头治理措施指修建跌水、消力池或导流槽（管）降低水流入沟流速和冲刷能量，并通过一定方式覆盖对沟头进行保护的措施。其中，跌水最为常用，按修筑材质主要有柳编跌水、石笼跌水、生态袋跌水、干砌石跌水、浆砌石跌水等形式。相比之下，由于坡面汇流宜疏不宜拦，且沟缘线以外的坡面多为耕地，往往难以占用来布设措施，因此排导类治理措施在实际中更为可行，而拦蓄类治理措施仅在具备沟坡全面治理时选用。对于不同的排导类治理措施而言，柳编跌水和干砌石跌水存在修筑烦琐、抗冲能力不足等问题；浆砌石跌水和导流槽施工量较大，且与土质坡面衔接部位的稳定性、与所在农林用地生态景观的融合性方面差强人意；石笼和生态袋跌水则在修筑材料环保性、实施过程简便性和防护效果持久性等方面具有更强的综合优势。为此，本章在对现有常规跌水进行系统总结和适当改良的基础上，优选生态模袋砌护、铅丝石笼跌水两项跌水措施，以及笔者及团队自主研发的管道消能排水措施共 3 项典型沟头生态治理方法进行介绍。

3.1　生态模袋砌护

对于径流来源分散且存在明显跌水的侵蚀沟沟头，沟岸受冻融、重力及径流冲刷作用持续坍塌，单纯采取植物措施难以有效防治，浆砌石和混凝土等材质为主的工程措施则因为冻胀作用而容易出现变形、开裂，且对侵蚀沟沟头上部耕地占用较多，也往往难以实施。为此，笔者设计了一种以生态模袋为主要材料的沟头防护措施，可解决传统硬质工程措施占用耕地多、开挖扰动强等问题，并具有材料易获取、抗形变力强、恢复植被快等综合优势。

3.1.1　结构与方法

该技术提出的生态模袋砌护（生态过滤型）沟头防护结构主要包括：自沟头上部沟沿至沟底坡脚的生态模袋砌护、沟头向下一定距离的沟底处石笼拦沙带及其前后沟底内铺设的秸秆沉沙带。坡面汇流及其所含泥沙经沟头及两侧沟坡进入沟底过程中，经过所铺设的生态模袋砌筑，可有效防治汇流直接冲刷沟头和沟坡，并减缓流速、降低侵蚀动能；汇流在沟底依次通过前段秸秆沉沙带、石笼拦沙带、后段秸秆沉沙带，可层层滞缓流速、拦截沉沙，最终进入下游沟底的径流流速和含水量将明显降低，且径流量也一定程度上减少，从而有效控制对沟底的冲刷下切，避免引发两侧沟岸崩塌。通过应用该措施，可逐步淤积抬高沟底侵蚀基准面，降低沟岸高差，增加沟坡稳定性，秸秆被拦截沉积的泥沙逐渐淹没后，缓慢分解腐烂将可改善沟底土壤质量，为植被恢复提供良好立地条件。生态过滤型沟头防护俯视、纵向剖面图如图 3.1 和图 3.2 所示。

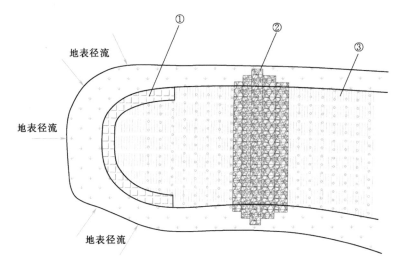

图 3.1　生态模袋砌护沟头防护俯视图
①—生态模袋砌护；②—石笼拦沙带；③—秸秆沉沙带

（1）生态模袋砌护。布设于沟头沟沿以下至坡脚处，防止上坡汇流直接冲刷沟头并造成沟坡失稳坍塌。生态模袋底部基础采用干砌石结构，埋深及宽度均不小于 0.6m。块石之上铺设 0.1m 厚的碎石（碎石粒径不大于 8cm），防止块石棱角刺穿生态模袋，并起到过滤作用。生态模袋按品字形逐层垒砌，各层间利用防滑扣固定，避免发生层间位移。一般应使布设后的生态模袋完全覆盖沟头陡坡，当沟坡高度过大时，布设高度可为坡脚向上 1.0~1.5m，未覆盖的上部沟坡可适当进行削坡整形，并适当栽植紫穗槐等灌木。

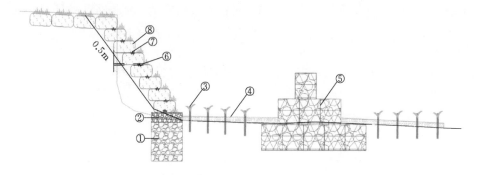

图 3.2 生态模袋砌护沟头防护纵向剖面图
①—块石基础；②—碎石基础；③—柳桩；④—打捆秸秆；⑤—石笼拦沙带；
⑥—排水管端部反滤；⑦—防滑扣；⑧—生态模袋装土

（2）石笼拦沙带。布设于距沟头坡脚处一定距离的下游沟底，用于拦蓄和沉降上部汇流中的泥沙并滞缓径流流速、消减侵蚀动能。石笼拦沙带应适当嵌入两侧沟岸，形成形似坝体的自然沉沙池，其高度宜取沟深的1/2，但不应超过生态模袋挡护高度，基础埋深不小于0.6m。

（3）秸秆沉沙带。布设于石笼拦沙带前、后，前段由生态模袋砌护坡脚处至石笼拦沙带上游底部，后端由石笼拦沙拦下游底部向沟口方向延长一定距离，前段与后段均铺设至两侧沟岸坡脚处。秸秆沉沙带可削减径流流速，拦截、沉降径流中的泥沙，并随着拦沙淤积逐步抬高沟底侵蚀基准面，并改善沟底的植被恢复立体条件。秸秆沉沙带由成排打入土中的木桩、横向填充于木桩间的成捆秸秆及绑绳组成。其中，木桩宜采用鲜活柳桩，也可用其他木桩代替，主要用于固定所铺设的秸秆，桩长一般为0.6m，地下埋深0.3m，出露地面0.3m，桩距0.3m，排距0.3m；秸秆一般采用玉米秸秆，经人工或机械打压成捆后，横向铺设在木桩内并压实，压实后的秸秆高度应低于木桩顶部5cm，用于防治沟床遭受径流直接冲刷而侵蚀下切，并在后期缓慢分解腐烂后改善沟底土壤质量，促进植被恢复；绑绳可采用12号铁丝，绑于各排间及桩间的木桩顶部，用于将木桩和秸秆固定形成整体结构。秸秆空隙间可扦插柳条促进植被恢复。

3.1.2 条件与实施

3.1.2.1 应用条件

该技术主要适用于东北缓坡耕地中沟头部位受坡面汇流集中冲刷的中小型发育侵蚀沟治理。

3.1.2.2 实施过程

对沟道实施生态模袋砌护时应按照确定基线与规格、沟坡整形与清基、垒筑生态模袋、砌筑石笼缓冲带、铺设秸秆沉沙带的实施工序进行，各环节的具体技术要求如下：

（1）确定基线与规格。根据沟头上坡土地利用、汇流面积等条件，确定沟道汇水范围，在沟头汇水范围内的沟岸坡脚确定基线，并结合沟头的沟岸高度、沟道宽度等，确定生态模袋垒筑高度与宽度，然后尽量挖填平衡为原则确定开挖、回填、筑砌等基线位置。

（2）沟坡整形与清基。基线定好后，清除基线内杂物，并对沟坡进行适当整形，以确保生态模袋垒筑后与沟岸紧密相接，确保稳定、利于施工。

（3）垒筑生态模袋。沿基线开挖基础沟槽，深度和宽度均不小于 0.6m。基础为干砌石结构，下层铺设直径不大于 0.3m 的块石，上层铺设粒径不大于 8cm 的碎石，碎石铺设厚度宜为 0.1m 左右。生态模袋装土后沿基线方向分层呈品字形摆放在干砌石基础之上，高度一般尽量至沟头顶端，但沟岸过高时，生态模袋垒筑高度应为 1～1.5m，层间利用防滑扣固定。

（4）砌筑石笼缓冲带。在垒筑好的生态模袋下游方向 2～5m 范围内，垂直沟道方向划定石笼缓冲带轴线，在轴线上开挖基础，并砌筑石笼，基础埋深不小于 0.5m。砌筑后石笼缓冲带的坝体顶宽 0.5～1m，迎水坡的坡比为 1：1.2，背水坡的坡比为 1：0.8，坡高不超过 1.5m，坝体向两侧嵌入土质沟岸的深度不小于 0.5m。坝体一般采用石笼网箱分层垒砌，单个石笼网箱的长度不超过 0.8m，横断面宽度、高度应不小于 0.5m。可采用 12 号铁线编成网格，格眼尺寸为 0.1～0.12m，网内用块石填充，石块直径一般不小于 0.2m。坝体顶部应布设溢流口，溢流口尺寸根据沟道来水量，可参照《水土保持工程技术规范》（GB 51018—2014）、《水土保持综合治理技术规范 沟壑治理技术》（GB/T 16453.3—2008）等相关技术规范，采用 10 年一遇 6h 最大降雨标准设计确定。

（5）铺设秸秆沉沙带。对于生态模袋与石笼缓冲带间的沟底以及石笼缓冲带向下游 2～5m 范围内的沟底进行清面，并适当整平后，按设计的株行距打入木桩，再将捆扎后的玉米秸秆横向铺设于各排木桩间，压实后利用 12 号铁线将各排木桩绑牢形成整体结构，最后可在秸秆空隙间扦插柳条。

3.1.3　技术特点

该技术针对东北缓坡耕地中受集中汇流冲刷、冻胀、重力等作用导致沟头不断坍塌的侵蚀沟，提出了以生态模袋为主要材料的生态过滤型沟头防护方法，具有如下优点：

（1）稳定沟道、减少侵蚀。沟头防护和沟底拦截的措施结构能够避免沟头直接遭受上坡汇流集中冲刷，减少崩塌、稳固沟头，并通过分级拦截，减少沟底泥沙输出，抬高了沟底侵蚀基准面，降低沟道侵蚀强度。同时，采用生态模袋柔性结构解决了传统硬质工程施工占地较多而难以实施和冻胀影响而容易损毁等问题，适用性好、功能持久。

（2）改善生境、恢复植被。上坡汇流通过生态模袋、石笼缓冲带、秸秆沉沙带层层拦截、过滤后，所含泥沙和污染物将被有效拦蓄、沉积，从而稳固沟床，并随着秸秆缓慢分解，与沉积的泥沙共同改善沟底立地条件，促进植被恢复。

3.2 铅丝石笼跌水

当侵蚀沟沟头汇水面积较大，或发生暴雨沟头上游瞬时来水较猛时，需要在沟头位置采取跌水措施，将沟头坡面汇水通过多级台阶或陡坡形的衔接建筑物跌入沟底，并经海漫消力后进入沟底，削弱水流对沟头和沟底土壤的直接冲力，起到稳固沟头，防止沟底下切的作用。东北地区常见的跌水建筑物有柳跌水、浆砌石跌水和铅丝石笼跌水等形式，柳跌水不适合汇水面积较大的侵蚀沟，并且稳定性差、寿命短；浆砌石跌水建成后往往由于地基的不均匀沉降或季节性冻胀导致构筑物损，易存在安全隐患。铅丝石笼具有耐腐蚀、透水性强、使用寿命长、造价低、易维护、对变形或弯曲具有良好的适应性等优点，同时稳定性和抗冻胀性强，并且适用于不同大小的汇水面和汇水量，因此，本节选取铅丝石笼跌水技术进行介绍。

3.2.1 结构与方法

铅丝石笼跌水主体结构主要由块石和加筋石笼网等组成的铅丝石笼构成。沟头前180°范围，包括部分沟坡，布设铅丝石笼防护结构。多层铅丝石笼自沟底向沟顶呈台阶式均匀布设，坡面汇水通过铅丝石笼跌水形式，将高流量、高冲刷力的股流导入沟底，经消力后散排入沟底，一定程度减少水流对沟道的冲刷作用，防止沟头前进、沟岸扩张和沟底下切等危害。铅丝石笼的连续逐级交错布置不仅能够增强整体跌水结构的稳定性，同时能够实现对水流连续逐级消能作用，另外，石笼内石块空隙大，整体结构透水性较好，能够使水分快速入渗，也能够对高含沙水流有很好的滞留过滤作用。铅丝石笼跌水结构组成俯视图如图3.3所示。

铅丝石笼由骨架钢筋和钢丝石笼网

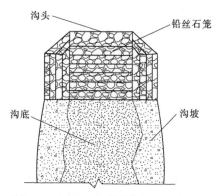

图3.3 铅丝石笼跌水结构组成俯视图

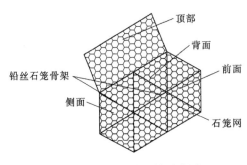

图 3.4　铅丝石笼网箱示意图

组成，石笼网由具有高抗腐蚀、高强度、具有延展性的低碳钢丝或包裹 PVC 的钢丝，使用机械编织而成，骨架由高强度钢筋焊接而成，使用石笼网制作而成的箱型结构就是石笼网箱，如图 3.4 所示。所使用的低碳钢丝直径根据工程设计要求而不同，一般介于 $2.0 \sim 4.0$ mm，石笼网钢丝的抗拉强度不小于 38 kg/m^2，金属镀层质量一般高于 245 g/m^2。

铅丝石笼用高强度镀锌钢丝编织成不同规格的矩形网箱，在工程现场向网箱内充填满足一定规范要求的石块，构成透水性、柔性和生态功能于一体的防护结构。石块之间的缝隙不断被滞留的泥土充填，植物种子逐渐在石块之间的泥土中生根发芽，茁壮生长，杂草和灌木等根系牢牢固定石块和土壤；石块间的空隙为水分与土壤间有效连通创造条件，同时，孔隙能够及时有效排出渗水，有效缓冲石笼内部冲力，降低石笼损毁概率。如此既可以实现对侵蚀沟头的有效防护，还达到美化环境，改善生态、保持水土的作用。

3.2.2　条件与实施

3.2.2.1　应用条件

该技术主要适用于小型或上游来水较少的半稳定侵蚀沟、上游来水较大的中型侵蚀沟和大型宽沟头侵蚀沟治理。

3.2.2.2　实施过程

应用铅丝石笼跌水结构进行沟头防护的施工方法和步骤如下：

（1）确定铅丝石笼尺寸。在东北黑土区实施铅丝石笼跌水措施，常规选用的铅丝石笼外形尺寸为 2m×1m×0.5m（长×宽×高），同时，也可以根据侵蚀沟沟头大小和上游来水量大小适当调整铅丝石笼尺寸。

（2）基础处理。铅丝石笼铺设前，首先应完成基础处理和坡面的整修工作，尽量清除坡面一切树根、杂草和尖石，保证铺设砂砾石垫层面平整，不允许出现凸出及凹陷的部位，排除铺设工作范围内的所有积水。

（3）铅丝石笼布设。铺设铅丝石笼时，由坡地向坡顶依次铺设，按照设计位置要求将铅丝石笼网箱放置于预安装位置，人工填筑石料，以保证石笼形状不受破坏。填料时，为保证石笼的表面平整度，在靠近外表面的方向先用人工将均匀的卵石有序紧密垒在铅丝面至顶部，后填入大量剩余石料，最后将石笼箱封口即可，同时，填料时各网箱同时进行装填，以防止相邻网线之间的网面变形。

铅丝石笼跌水结构纵断面图如图 3.5 所示。

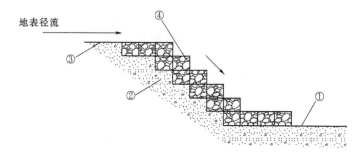

图 3.5 铅丝石笼跌水结构纵断面图
①—沟底；②—土壤；③—沟头；④—铅丝石笼跌水

3.2.3 技术特点

该技术针对东北黑土区遭受上坡汇流冲刷的大中型发育侵蚀沟提出了铅丝石笼跌水沟头防护方法，具有如下优点：

（1）结构稳定，透水性强。铅丝石笼柔性的结构能适应边坡的变动而不被破坏，比刚性结构具有更好地安全稳定性，尤其在软基础上稳定性良好，能较大程度地适应基础变形；铅丝石笼结构本质上都具有透水性，对地下水自然作用及过滤作用具有较强的包容性，水中的悬移物和淤泥得以沉淀于填石缝中，从而有利于自然植物的生长，保证了护坡内外的水土交换和河道生物多样性。

（2）抗冲刷能力强，使用寿命长。铅丝石笼由镀锌低碳钢丝编织成双绞六角形钢丝网拼成，使钢丝耐久性增强，抗冲刷能力较强，能承受的水流速度可达 6m/s；同时，热镀锌及包塑防腐措施使钢丝网寿命更长。

（3）造价低，施工便捷。铅丝石笼与具有防护性能的浆砌石或混凝土相比，造价相对低，同时，施工方便、快捷，不需要特殊技术和基础排水，石笼现场拼装，对基础内 1m 以内的地下水无须排水，也能施工。

3.3 管道消能排水

由于在高差较小的沟头修筑土、石或植物跌水，在高差较大的沟头修筑混凝土或浆砌石排水槽和消力池等常见的排导型沟头防护措施汇均存在施工扰动大、占地多等问题，且多采用浆砌石槽、石笼或谷坊等，施工复杂，易引起冻胀损坏，措施保存和治理效果不理想。为此，笔者设计了一种新型管道消能排水的沟头防护方法，以期解决现有治理方法存在的防护措施单一，治理成本较高，对土地扰动强、占用多，雨洪抗御能力较弱等问题。

3.3.1　结构与方法

该技术提出的管道消能排水沟头防护结构主要包括截水段的草沟和沉沙池、蓄水段缓流池、跌水段导流管、出口段消力池和柳谷坊，如图 3.6 所示。降雨或融雪过程中，沟头上部坡面的地表汇流经截水草沟拦截后，被汇集导向沉沙池，经沉沙后沉降后进入缓流池，然后沿导流管从沟头上部顺至沟底，并经消力池消能后进入沟底，最后通过柳谷坊拦截滞缓向沟床散排。通过上述防护措施将上坡来水进行拦蓄、滞沉、排导、消力、散排后，可有效切断沟头溯源外营力，实现稳固沟头土体，减少侵蚀滑塌，快速控制切沟沟头发育扩展，保护上部农田、道路，促进黑土地侵蚀退化防治和生态治理。

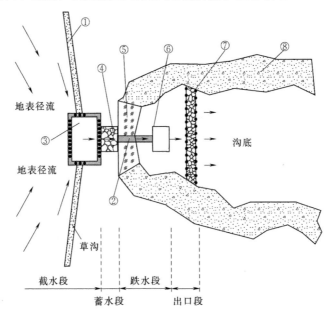

图 3.6　管道消能排水沟头防护结构组成俯视图
①—草沟；②—导流管；③—沉沙池；④—缓流池；⑤—灌草护坡；
⑥—消力池；⑦—柳谷坊；⑧—沟坡

3.3.1.1　截水段

截水段包括截水草沟和沉沙池，修筑在沟头上部的沟边坡面内。

（1）截水草沟。用于拦截沟头上部来自汇水坡面的地表径流，可收集、输送并净化径流雨水。截水草沟上部多是坡耕地或荒坡，下部是侵蚀沟，长度应为侵蚀沟沟头横断面宽度的 1.5～2 倍，保证侵蚀沟上部汇流区的降雨径流全部被拦截。截水草沟与沉沙池顺接，草沟分布于沉沙池两侧，草沟为排水型截水沟，截水沟与等高线呈 1‰～2‰ 比降，断面呈倒抛物线形，开挖土方堆置于草沟外侧，形成高 0.2～0.3m、顶宽 0.3～0.4m、坡比 1:0.5～1:1 的围埂，能有效拦截降雨径流。草沟内栽植高羊茅草、结缕草等根茎发达、再生能力强的草种，围埂上可选栽沙棘、紫穗槐、胡枝子等护埂灌木，如图 3.7 所示。防御暴雨标准按 10 年一遇 24h 最大降雨量设计，坡面径流量按多年平均径流系数与汇水面积的乘积确定。径流系数可根据当地径流小区径流多年观测资料或查阅当地水文手册获取。

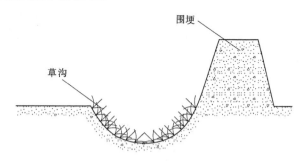

图 3.7　截水草沟横断面示意图

（2）沉沙池。用于蓄滞来自截水草沟的径流，并对进入沉沙池的径流进行缓流沉沙。沉沙池为矩形，浆砌石砌筑，宽度为 1～2m，长度为 2～4m，深度为 1.5～2.0m，进口和出口分别设有拦污栅，用于拦截农作物废弃秸秆等易堵塞物，如图 3.8 所示。拦污栅是由等间距竖排钢筋为骨架形成的隔栏，宽 0.4～0.6m，深 0.3～0.4m。

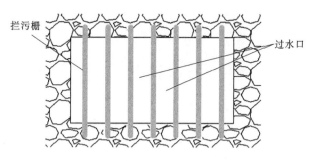

图 3.8　拦污栅横断面示意图

3.3.1.2　蓄水段

蓄水段由缓流池组成，缓流池为矩形，浆砌石砌筑，一端连接沉沙池，另一端连接导流管，起到稳定水流的作用，一般宽 1～1.5m，长 1.5～2m，深 0.5～1.0m。

3.3.1.3　跌水段

跌水段用于将沟头上部汇流排导至沟底。由于发育侵蚀沟的沟头陡崖（或陡坡）高差较大，因此采取在沟头上部至沟底下部的沟坡上，依据沟坡地势形状，分段布设混凝土预制排水管。排水管由弯头连接，形成导流管。单段预制混凝土排水管的长度因地势转折一般介于 1～3m，断面为圆形，管径具体根据下泄流量计算确定，但一般不宜小于 0.8m，多介于 0.8～2m，以防止上游下泄杂物堵塞。实际应用中可直接选取长度、直径合格的混凝土、钢筋混凝土或聚乙烯等材质的预制管件。布设排水管的两侧土壤需压实，呈自然坡度，可栽植灌草，以提高管体周围土壤稳定和景观效果。选用预制排水管的优势在于同等排水量下，可较传统混凝土排水槽等方式节约占地，且施工安装简便，对原地貌破坏性小，不影响后期坡面植被恢复。

3.3.1.4　出口段

出口段由消力池和柳谷坊组成。消力池位于沟底，矩形，浆砌石砌筑，上端顺接导流管末端，下端为开放端，并在出口处设拦污栅。消力池对导流管排出的水流进一步消能，防止直接冲刷沟底。消力池一般宽 1～1.5m，长 1.5～2m，深 0.5～1m。消力池向下 2～3m 处布设柳谷坊，主要作用是滞流拦沙、稳定侵蚀基准面，以保护其上部的沟头防护结构，防止遭受暴雨时汇流冲刷上部沟底，导致沟底严重掏蚀从而造成沟头防护构件失稳。柳谷坊由石块（或土袋）、柳桩和柳条组成，上、下两端并排插入两排柳桩，相邻两个柳桩间由柳条连接，形成交错编制的固定网，并在固定网内部填充石块（或土袋）。整个结构简单合理，稳定性和透水性强，可有效拦截泥沙。管道消能排水沟头防护结构组成纵剖面图如图 3.9 所示。

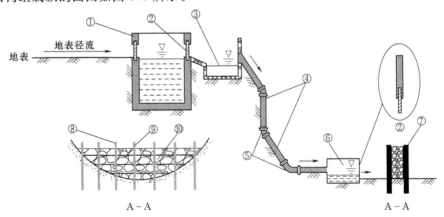

图 3.9　管道消能排水沟头防护结构组成纵剖面图

①—沉沙池；②—拦污栅；③—缓流池；④—导流管（预制管件）；⑤—弯头；
⑥—消力池；⑦—柳谷坊；⑧—柳桩；⑨—柳枝；⑩—石块（或土袋）

3.3.2 条件与实施

3.3.2.1 应用条件

该技术主要适用于东北农田内、道路旁和村屯附近，上坡汇流必须从沟道排导，沟头落差较大的大中型发育侵蚀沟沟头防护。

3.3.2.2 实施过程

实施管道消能排水沟头防护结构时应按确定防护构件位置和尺寸、布设防护构件、布设柳谷坊的顺序进行，各环节的具体要求如下：

（1）确定防护构件位置和尺寸。首先通过实施区域的径流小区观测资料或查阅水文手册，明确当地 10 年一遇 24h 最大降雨量，据此计算截水沟断面尺寸和沉沙池、缓流池、消力池相关规格尺寸。具体参数确定可参考《水土保持工程技术规范》（GB 51018—2014）、《水土保持综合治理技术规范 沟壑治理技术》（GB/T 16453.3—2008）、《水土保持综合治理技术规范 小型蓄排引水工程》（GB/T 16453.4—2008）和《黑土区水土流失综合防治技术标准》（SL 446—2009）等相关技术规范中，适用于东北黑土区的同类措施设计要求。根据实地施工条件和下泄流量确定导流管尺寸和分段数，尽量减少不同长短规格的导流管种类。利用干石灰粉标记各防护构件具体位置，便于后续施工作业。

（2）布设防护构件。沉沙池、缓流池和消力池均可采用浆砌石砌筑而成，浆砌石工程的地基在施工前应做清理及处理。对于砌石缝隙灌注强度等级 C20 的一级配混凝土，混凝土抗冻标号为 D20，最大骨料粒径为 20mm，砂的细度模数不小于 3.0。常用砌筑胶结材料有水泥砂浆和小石子砂浆。水泥砂浆所用的砂应级配良好、质地坚硬，最大粒径不超过 5mm，杂质含量不超过 5%。不同防护构建宜采取自上而下依次逐段修筑的工序进行。

（3）布设柳谷坊。柳谷坊主要以柳编或柳桩为主体。多条等间距柳编中间装填碎石（或土袋），柳编用木桩和木杆固定，用铅丝牵连，柳条 2～3 年生，插入土中 0.3～0.5m，地上填碎石，厚 0.5m 左右，在高出填埋面 0.2m 时剪断柳梢；柳桩谷坊则由横向多道柳桩组成，单个柳桩粗 3cm 以上，柳桩间距小于 0.2m，每行柳桩间距 0.5m，插入地下 0.5m，地上留 1.0m 左右。

3.3.3 技术特点

该技术针对东北黑土区遭受上坡汇流冲刷的大中型发育侵蚀沟沟头溯源侵蚀、崩塌防治及植被恢复提出了管道消能排水的沟头防护方法，具有如下优点：

（1）开挖扰动小，实施较简便。通过利用分段组装式的预制管涵排导上坡汇流，可减少对沟头部位的大范围开挖，且布设、安装均较为简易，一定程度上节约人力投入。

（2）减蚀效果好，稳定系数高。通过从坡上到沟内分段布设防护措施将地表汇流进行拦蓄、滞沉、排导、消力，并最终散排至沟底，可完全切断沟头溯源崩塌的侵蚀营力，削弱径流对沟底的冲刷能量，有效发挥稳固沟头和减少沟底侵蚀的作用，并减少措施本身遭受集中水流剧烈冲刷，从而提高稳定性和持久性。

第4章 面向侵蚀沟坡的典型生态治理方法

　　侵蚀沟的沟坡，也称沟壁，一般指切沟和冲沟的沟缘线以下、沟底以上，因水流冲刷或重力崩塌而形成的裸露陡坡。小型切沟的下切深度有限，沟坡多接近垂直但高度常介于1～3m，重点防治沟头前进和沟底下切，无须在沟坡布设专门治理措施。但大中型切沟和冲沟，随沟底不断下切，沟坡失稳崩塌严重，逐渐成为侵蚀强度最大的部位，其高度多达数米甚至十多米，坡度多在40°以上，且表面形态起伏，土质组成不均，水肥条件苛刻，因此需进行对位治理。

　　目前对于大中型切沟和冲沟的沟坡治理主要分为生物措施和工程措施两类。常见的生物措施包括在原状沟坡直接插植柳桩、对沟坡削坡整地形成鱼鳞坑或水平阶后栽植乔灌植被等。工程措施多采用石笼、浆砌石、干砌石、生态砖等材料修筑护坡。相比之下，单纯的生物措施主要通过增加植被覆盖而减少降雨击溅、阻缓径流冲刷，具有绿色生态的优势，但为提高植被成活率常需进行削坡整地，地表扰动剧烈、沟外占地较多，且限于沟坡立地条件苛刻，植被恢复效果存在不确定性，生长初期的雨洪抗御能力也较弱，在快速见效和持续稳定方面差强人意，主要在对面积较大的稳定沟坡进行全面治理时选用。传统材料修筑的工程措施侧重增加坡面稳定、减少坡面裸露、控制侵蚀崩塌，虽然防护效果好、稳定性高，但对东北以农林用地为主的土地功能和景观效果存在较大影响，环境友好性方面有待提升。由此可见，减少一般植被恢复措施前期整地扰动并提升其初期防护效果，或在传统工程措施基础上增加绿被、改善生态是东北侵蚀沟沟坡治理方法的需求和方向。为此，本章分别针对上述需求和方向，优选笔者基于东北黑土区治沟调研和试验自主研发的植桩生态护坡和生态砖砌护坡2项沟坡治理方法进行典型介绍。其中，植桩生态护坡属改进的生物措施，生态砖砌护坡属改进的工程措施。

4.1 植桩生态护坡

　　侵蚀沟多分布于交通不便的偏远地区，单沟规模较小，采用工程措施不仅达不到生态治理的目的，也会造成人力和物力的浪费。为此，笔者研发了一种植桩生态护坡技术，该技术具有造价低廉、施工简易、就地取材等优点，是一种利于推广的有效沟坡防护措施。

4.1.1　结构组成

该技术提出的植桩生态护坡结构主要包括：垂直打入沟坡表面用于固定坡面及铺盖物的防滑木桩，铺盖在沟坡表面的秸秆，用于固定木桩与秸秆的绑绳与檩条，沟坡条播的草籽与栽植的柳苗。打入沟坡的木桩和铺设的秸秆对沟坡土体起到了固定抗滑作用，增加了地表覆盖度，可有效降低雨滴击溅侵蚀及径流冲刷作用。秸秆可改善坡面土壤水分条件，拦蓄坡上部侵蚀泥沙，逐步分解后可提高土壤养分，为沟坡撒播的草籽和栽植的柳苗提供良好的立地条件。植桩生态护坡立面图如图 4.1 所示。

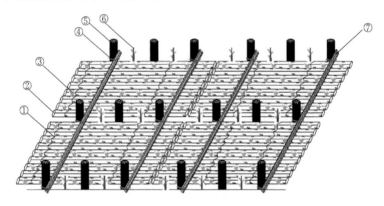

图 4.1　植桩生态护坡立面图

①—草帘绑绳；②—秸秆；③—草；④—檩条绑绳；⑤—防滑木桩；⑥—柳苗；⑦—檩条

（1）防滑木桩。防滑木桩主要用于防止坡面土体滑动和固定坡面铺盖物。宜采用鲜活柳桩，利于植被恢复，条件不允许时可用其他木桩代替。木桩长度应不小于 0.6m，梢径应不小于 5cm，垂直打入坡面土体 0.3m，出露地面 0.3m。

（2）干农作物秸秆。秸秆宜优选秋季收割的干玉米秸秆，铺设前将秸秆叶片清除。利用绑绳将秸秆成排捆绑成帘铺设在沟坡表面，厚度不宜超过 5cm，可防止雨滴击溅侵蚀，拦蓄上部坡面侵蚀泥沙等。

（3）绑绳与檩条。绑绳与檩条固定于防滑木桩上，用于将沟坡表面的防滑木桩固定成整体，并将铺设的秸秆固定于坡面之上，防止滑移。绑绳可采用 12 号铁线，檩条可就地选取顺直枝条，长度不超过 2m。用檩条压实秸秆后，再利用绑绳将檩条绑牢在防滑木桩上。

（4）柳苗与草籽。柳苗宜选用 1～2 年苗，为减少坡面土体扰动，采用缝植方式，栽植后截干，保留苗木高度约 0.5m，以利于成活。草籽宜选用当地耐干旱贫瘠的适生品种,如紫羊茅、黑麦草及苜蓿等,播种方式为条播,按禾本和豆科种子质量 1∶1 混合播种,播种量约 80kg/hm²。

4.1.2 实施条件与方法

4.1.2.1 应用条件

该技术主要适用于土质条件较差、植被恢复困难的中小型侵蚀沟沟坡治理。

4.1.2.2 实施方法

应用植桩生态护坡进行沟坡防护的施工方法和步骤如下:

(1)定线与沟坡整形。根据沟道来水量及沟岸高度,确定沟坡底部与顶部整治基线,对基线内的沟坡进行清表和适当整形,清除石块、杂草及树根,并保障坡度小于 45°。平行于沟坡底部基线,沿坡面向上每间隔 0.5～1.0m 逐排划定植桩基线。

(2)植桩与植被栽植。根据划定的植桩基线和规划株距,从下向上依次定植木桩。定植后的每排相邻木桩间栽植柳苗,条播种草,播种后覆土并拍实。

(3)秸秆铺设与固定。在各排木桩间裸露的沟坡内,沿坡长方向自下而上依次铺设秸秆,并利用绑绳将相邻秸秆绑牢成帘,防止滑移。秸秆铺设后,将檩条固定在相邻两排木桩上,压固秸秆,形成整体结构。

4.1.3 技术特点

该技术针对土质条件较差、植被恢复困难的中小型侵蚀沟沟坡提出了植桩生态护坡方法,具有如下优点:

(1)施工简单易行,工程造价低廉。措施实施所采用的材料质地轻,便于运输和施工,工序简单,无须机修作业,且所有材料在东北黑土区普遍丰富、容易获取,减少治理投入。

(2)改善立地条件,促进沟坡稳定。措施实施后,除通过覆盖避免沟坡直接遭受降雨溅蚀和径流冲刷外,还能改善土壤水肥条件,为植被恢复创造有利条件,促进沟坡快速覆绿,间接增强沟坡抗蚀性和稳定性。

4.2 生态砖砌护坡

对于一些大中型切沟的沟坡,单纯采用生物措施难以取得理想效果,因此以工程措施为主的护坡技术也得到广泛应用。鉴于现有工程护坡措施多采用石笼、浆砌石、干砌石等材料修筑,生态景观性和环境友好性方面有待提升,笔者以不同构型的生态砖为基本材料,提出了针对大中型切沟的蜂格式与箱格式

2 种新型生态砖砌护坡结构及其修筑方法。

4.2.1　蜂格式生态砖砌护坡

4.2.1.1　结构组成

该技术提出的蜂格式生态砖砌护坡结构主要包括：布置在沟坡上的蜂格式护坡构件、布置在坡脚的防护构件、布置在沟底的排水基石构件（或加固柳桩）以及装填入蜂格式护坡构件内的植生袋，如图 4.2 所示。

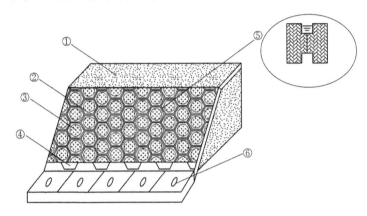

图 4.2　蜂格式生态砖砌护坡整体结构图

①—土壤；②—蜂格式护坡构件；③—植被；④—坡脚防护构件；
⑤—蜂格式护坡构件接触剖面；⑥—沟底排水基石构件

（1）蜂格式护坡构件。蜂格式护坡构件可采用渗水性强的混合环保材料高压成型预制（见图 4.3），主要原材料包括水泥、砂、矿渣、粉煤灰等，属于绿色环保新型材料。应用该材质的构件，能使自然降雨迅速透过，适时入渗进入土壤，透气、透水性好，具有保护地表、涵养水土的综合作用。

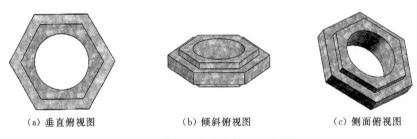

（a）垂直俯视图　　　　（b）倾斜俯视图　　　　（c）侧面俯视图

图 4.3　蜂格式护坡构件三维效果图

蜂格式护坡构件为外边界呈正六边形的框格，外边长 55.8cm，厚度为 10cm，上、下端分别切除壁厚 5cm，切除后的上、下端部分边长为 50cm［见图 4.4（a）］；由沿构件中间剖开的剖视图表明整个构件高度为 40cm、宽度为 111.5cm，中空部分是贯穿上、下端面的圆柱，截面圆形直径为 70cm［见图 4.4（b）］。

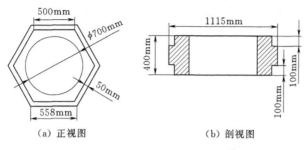

（a）正视图　　　　　　　　（b）剖视图

图 4.4　坡面防护构件外形尺寸图

（2）坡脚防护构件。坡脚防护构件的材质与蜂格式护坡构件一致，仅构型不同。安置在坡脚，紧贴坡面最底层的横排蜂格式护坡构件底边，目的是提高组装后整体护坡的稳定性，并可收集和疏导护坡表面的降雨汇流，如图 4.5 所示。

（a）正面侧视图　　　　　　　　（b）背面侧视图

图 4.5　坡脚防护构件三维效果图

由正视图［见图 4.6（a）］可见，坡脚防护构件的剖面呈长 90cm、宽 40cm 的长方形，上端每隔 10cm 切开 1 个倒梯形凹槽切口，每个坡脚防护构件共有 3 个梯形凹槽，凹槽规格尺寸与二分之一个蜂格式护坡构件相同，用于与坡面最底层的横排蜂格式护坡构件镶嵌组合。由左视图［图 4.6（b）］可见，坡脚防护构件的底宽为 50cm、顶宽为 15cm、高度为 40cm，外侧呈长度为 41.7cm 的圆弧状，采用这种设计的目的是，增加构件底部与土壤的接触面积，减小底部受力压强，提高承重能力，增大汇流表面积，最终提升构件及组合的整体护坡结构稳定性和排水性。

（3）沟底排水基石构件和加固柳桩。对于沟底宽度为 1～3m 的切沟，可在沟底铺设排水基石，保持与两侧沟坡的坡脚防护构件下端排水槽在同一水平高度，共同形成"U"形槽，既能够起到排水作用，又可以增强安装后的坡脚防护构件和蜂格式护坡构件的稳定性。沟底排水基石构件长度为 90cm、宽度为 50cm、厚度为 10cm，在基石中间位置开一个直径为 10cm 的圆形孔，孔内

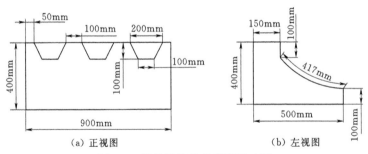

（a）正视图　　　　　　　　　　（b）左视图

图 4.6　坡脚防护构件外形尺寸图

楔入柳桩，以增加基石的稳定性（见图 4.7）。柳桩应新活、笔直，直径为 3～5cm，长度约 1.5m，柳桩插入土中 0.5m。

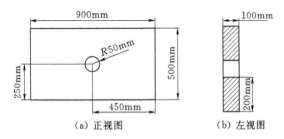

（a）正视图　　　　　　　　　（b）左视图

图 4.7　沟底排水基石构件外形尺寸图

沟底宽度大于 3m 的切沟，由于沟底宽度较大，在降雨量大的区域，沟底应采用铺设排水基石的方式，增加沟底排水能力，减小排水对沟底的冲刷，增强护坡构件的稳定性，由于沟底需铺设大量基石，工程量和成本都会增大，而对于降雨量小的区域，可选用沟底楔入柳桩的方式对沟底进行治理，柳桩不仅具备拦截泥沙、滞洪滤水的作用，而且具有绿色生态特点。具体可在沟底每隔 50m 植入 3 行柳桩，行距为 1m，每行的株距为 0.20～0.25m（见图 4.8）。柳桩应新活、笔直，直径为 3～5cm，长度约 1.5m，柳桩插入土中 0.5m。

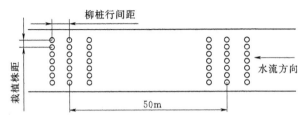

图 4.8　沟底楔入柳桩示意图

（4）植生袋。植生袋用于装填入蜂格式护坡构件内的圆柱形中空区域，采用无毒、环保可降解的塑料，具有质量轻、强度高、抗紫外线、透水性与透气

性好等特点。根据蜂格式护坡构件的规
格，植生袋为高度约 30cm、直径约 70cm
的圆柱体。具体制备时，首先将土壤与基
质混合后填装在植生袋中，形成基质层，
填装深度约 20cm；再将植物种子与土壤
混合后填装到植生袋中，形成种子土壤
层，填装高度约 10cm（见图 4.9）。植生

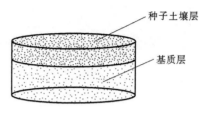

图 4.9　植生袋形状示意图

袋中选用的植物种子以草本为主，如多年生黑麦草、紫花苜蓿等。

4.2.1.2　实施方法

应用该护坡结构进行沟坡防护和植被恢复的施工方法和步骤如下：

（1）适当修整沟坡。削除沟坡上局部明显凸凹的土块，清除石块、杂草，
按其主体坡降形成相对平整的斜坡，对于小于 35°的沟坡可保持原整体坡降，超
过 35°以上的沟坡则需通过平整使坡度控制在 35°以内。整平形成的多余土方，平
行沟道方向均匀堆填于坡脚，并夯实形成平顺的坡脚防护构件安置地基。

（2）铺设坡脚防护构件。沿坡脚连续放置一排坡脚防护构件。根据坡脚长
度和坡脚防护构件的宽度，可估算出所需坡脚防护构件数量。

（3）铺设沟底排水基石构件或楔入柳桩。对于宽度小于 3m 的沟底，可紧
邻坡脚防护构件外侧，沿沟底排水方向铺设沟底排水基石构件，便于汇入沟槽
的降雨沿排水沟排出。根据沟道长度可估算出所需排水基石数量。沟底宽度大
于 3m 时，可选择分行楔入柳桩。楔入时注意防止损伤柳桩外皮，并使牙眼向
上。根据沟底面积和确定的柳桩行距、株距，可估算出所需柳桩数量。

（4）安放蜂格式护坡构件。从紧邻坡脚防护构件处开始向沟坡顶部沟缘线
逐层安装铺设蜂格式护坡构件。单个蜂格式护坡构件插入土中的深度为 0.1m。
相邻构件连接紧密并保持平行，组合形成的凹槽深度应保持一致。根据铺设的
沟坡面积和单个构件占地面积，可估算出所需蜂格式护坡构件数量。

（5）装填植生袋。所有蜂格式护坡构件安放完成后，在每个构件的中空圆
柱内装填植生袋。植生袋应完整装入圆孔，并保持植生袋顶部略低于圆孔外边
缘，以避免遭受径流直接冲刷。

蜂格式生态砖砌护坡整体布局剖面如图 4.10 所示。

4.2.2　箱格式生态砖砌护坡

4.2.2.1　结构组成

该技术提出的箱格式生态砖砌护坡结构主要包括：布置在沟坡上的箱格式
护坡构件、布置在坡脚的稳固防护构件、箱体内的填土植草以及布置在坡顶的
截水沟和挡水埝，如图 4.11 所示。

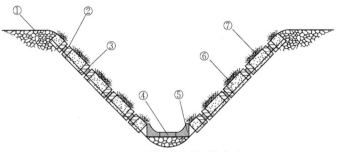

（a）沟底铺设排水基石构件式

①—土壤；②—坡面防护构件；③—排水沟槽；④—沟底排水基石构件；
⑤—坡脚防护构件；⑥—植生袋；⑦—植被

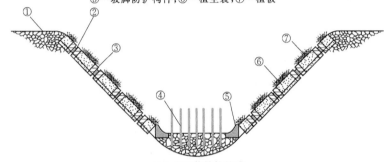

（b）沟底栽植柳桩式

①—土壤；②—坡面防护构件；③—排水沟槽；④—柳桩；
⑤—坡脚防护构件；⑥—植生袋；⑦—植被

图4.10 蜂格式生态砖砌护坡整体布局剖面图

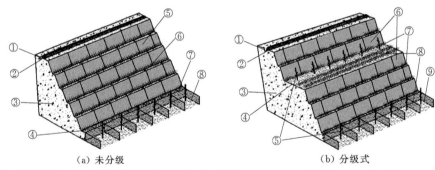

（a）未分级	（b）分级式
①—坡顶截水沟；②—挡水埂；③—坡面土壤；④—柳桩；⑤—箱格式护坡构件；⑥—植草绿化；⑦—坡脚稳固防护构件；⑧—沟底	①—坡顶截水沟；②—挡水埂；③—坡面土壤；④—分级台面；⑤—柳桩；⑥—箱格式护坡构件；⑦—植草绿化；⑧—坡脚稳固防护构件；⑨—沟底

图4.11 箱格式生态砖砌护坡整体结构示意图

（1）箱格式护坡构件。箱格式护坡构件整体为内部中空的长方体。中空部分用于填充土壤，底部封闭，并开设两个小孔，用于通气透水。两侧宽度方向的中心处设有横截面为燕尾形的卯孔，利用榫卯插嵌结构连接相邻两个构件（见图 4.12）。构件可采用水泥、砂、矿渣、粉煤灰等环保材料高压压制成型，属于绿色环保新型材料，透气性和透水性良好。

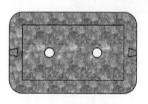  

（a）垂直俯视图　　　　（b）倾斜俯视图　　　　（c）侧面俯视图

图 4.12　箱格式护坡构件三维效果图

箱格式护坡构件呈单面开放的中空长方体结构（见图 4.13），外边长 80cm、宽 50cm、高 40cm。构件中空部分同为长方体，长 64cm、宽 34cm、高 30cm，单面开放，另一面为封闭式底部，厚度为 10cm。底部距离构件两端宽度方向外侧面 25cm 处，分别开设贯穿上、下端面的一个圆孔，圆孔半径为 3cm。构件两侧宽度方向的燕尾卯孔横截面为梯形，上底长 3cm、下底长 5cm、高 5cm，整个卯孔的凹进部分高度为 10cm。

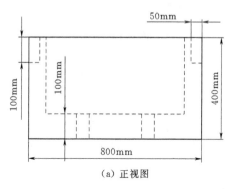 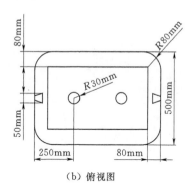

（a）正视图　　　　　　　（b）俯视图

图 4.13　箱格式护坡构件外形尺寸图

（2）坡脚稳固防护构件。坡脚稳固防护构件安置在沟坡坡脚，紧贴沟坡上布设的最底层箱格式护坡构件外侧面，其作用是稳固组装后的护坡结构，增强整体稳定性。坡脚防护构件类似倒"U"形，"U"形结构底部紧贴箱格式防护构件外侧面，能够增强受力，敞口面直接与沟底连接，中空部分可填充土壤，用于栽植柳桩，并保证构件内部土壤的连通性、透气性和透水性，以促进栽植柳桩的成活率（见图 4.14）。脚稳固防护构件可采用渗水性强的材料制成，原材料采用水泥、砂、矿渣、粉煤灰等环保材料为主高压压制成型，属于绿色环保新型材料。

（a）俯视图　　　　　　　　（b）侧视图

图 4.14　坡脚稳固防护构件三维效果图

坡脚稳固防护构件的整体尺寸为长 80cm、宽 50cm、高 40cm，整体厚度为 8cm（见图 4.15）。

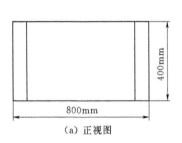
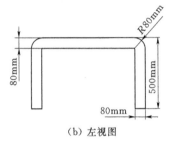

（a）正视图　　　　　　　　　　　（b）左视图

图 4.15　坡脚稳固防护构件外形尺寸图

图 4.16　连接构件三维效果图

（3）连接构件。为防止布设于沟坡上的箱格式护坡构件在外力作用下纵向移动，导致构件损毁，同时为进一步增强整体护坡结构的稳定性，横向布设的相邻箱格式护坡构件之间采用榫卯插嵌结构连接。榫的横截面由两个对称燕尾形组成，高度为 15cm（见图 4.16）。相邻箱格式护坡构件交接两侧宽度方向上的燕尾卯对接后，形成卯孔结构与榫头配合，将榫头插入卯孔部分，使得相邻构件紧密结合，横向布设的同层箱格式护坡构件连接为一体。

（4）构件组合结构。沟坡上布设的箱格式护坡构件与坡脚稳固防护构件布设后（见图 4.17），同一层箱格式防护构件由榫卯结构连接固定；相邻两层箱格式防护构件交错成"品"字结构布置，上层构件底部紧压下层构件的顶部，上层构件外侧紧贴榫头凸出部分，榫头凸出的部分用于防止上层构件在外力作用下纵向位移，增强构件整体结构的稳定性；坡脚稳固防护构件紧贴箱格式防护构件放置。

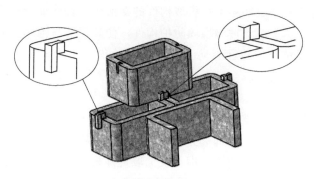

图 4.17 构件整体装配效果图

（5）植草和柳桩。护坡结构整体布设完成后，可在箱格式护坡构件中空部分内填充土壤，使得沟坡整体形成台阶式裸露土层，并在裸露土壤中撒播草籽或铺设草皮绿化。坡脚稳固防护构件的"U"形中空部分被土壤填埋后，可插值柳桩，以更好地发挥拦截泥沙、滞洪滤水、增加绿被的作用，并一定程度上提高坡脚稳固性。

4.2.2.2 实施方法

应用箱格式生态砖砌护坡进行沟坡防护和植被恢复的施工方法和步骤如下：

（1）适当修整沟坡。削除局部明显凸凹的土块，清除石块、杂草，并按沟坡主体坡降形成相对平整的斜坡，对于小于 35°的沟坡可保持原整体坡降，对于沟坡坡度大于 35°或高度超过 5m 的沟坡，先进行适当削坡分级，确保削坡后的坡度小于坡面自然休止角，一般最多分两级。削坡及整平沟坡作业时形成的多余土方，用于后续构件内部土壤填充，以及填筑挡水埂和沟底平整土方不足时补充。

（2）布设坡顶截水沟和挡水埂。沟坡顶部沿沟缘线外侧约 1m 处修筑截水沟和挡水埂，开挖的截水沟深度为 0.3～0.5m，并在沟中每隔 5～10m 修筑 0.2m 高的土挡，形成竹节沟。填筑的挡水埂高 0.5～1.0m、顶宽 0.5～1.5m，沟、埂边坡坡比宜为 1：0.5～1：1。挖沟取土置于沟岸线外侧约 1m 处，埂高 0.5～1.0m、顶宽 0.5～1.5m，截水沟与支沟头顺接，与沟头跌水相连，直接将降雨径流导流至沟底。

（3）铺设底层箱格式护坡构件。在待治理的沟坡与沟底交接线上划定护坡布设基线，清表整平后，按略大于 2 倍箱格式护坡构件宽度（约 70cm），向下开挖 0.4m 修筑地基，沿坡脚连续放置一排箱格式护坡构件，作为沟坡底层构件。

（4）铺设坡脚稳固防护构件和楔入柳桩。沿铺设好的底层箱格式护坡构件向沟底一侧并排铺设坡脚稳固防护构件，放置时应使坡脚稳固防护构件长度方向的中心线对齐两个底层箱格式护坡构件的交接线，且保证所有构件安放后高度一致。然后，填土覆盖坡脚稳固防护构件，使其顶层与沟底持平，并在构件内栽植柳桩。栽植时，应注意防止损伤柳桩外皮，使牙眼向上，柳桩直径为 3～5cm，长度不小于 1.2～1.5m，插入土中深度不小于 0.3～0.5m，构件以上保留 0.3～0.5m。

（5）安放箱格式护坡构件。从沟坡底部向沟坡顶部沟缘线逐层安放铺设箱格式护坡构件，上层构件底部部分区域与紧邻下层构件顶部部分区域重合，两层构件之间呈台阶式交错放置，即上层护坡构件长度方向的中心线对齐下层两个相邻护坡构件的交接线，且上层护坡构件的底面与下层护坡构件重叠约 20cm，相邻构件连接紧密、保持平行，并用榫卯固定。对于削坡分级的沟坡，在上一台阶按上述步骤，重新按顺序铺设底层箱格式护坡构件、坡脚稳固防护构件，并逐层向上安放箱格式护坡构件。

（6）箱格式护坡构件填土与植草。在所有安放好的箱格式护坡构件中空部分装填土壤并植草绿化，也可将土壤与草种混拌后再直接装填。选用的植物种子以草本为主，如多年生黑麦草、紫花苜蓿等。对于削坡分级形成的台阶面，应一并植草，需要时也可在台阶面栽植沙棘、紫穗槐、胡枝子等护坡灌木。

箱格式生态砖砌护坡整体剖面布局如图 4.18 所示。

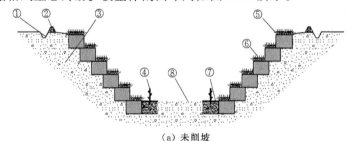

（a）未削坡

①—坡顶截水沟；②—挡水埂；③—坡面土壤；④—柳桩；⑤—箱格式护坡构件；
⑥—植草绿化；⑦—坡脚稳固防护构件；⑧—沟底

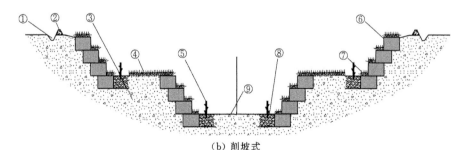

（b）削坡式

①—坡顶截水沟；②—挡水埂；③—坡面土壤；④—分级台面；⑤—柳桩；⑥—箱格式护坡构件；
⑦—植草绿化；⑧—坡脚稳固防护构件；⑨—沟底

图 4.18　箱格式生态砖砌护坡整体剖面布局图

4.2.3 技术特点

该技术针对东北黑土区大中型切沟的深陡沟坡侵蚀、崩塌防治与植被恢复提出了 2 种新型生态砖砌护坡结构及其修筑方法，具有如下优点：

（1）开挖扰动小，实施简便快捷。通过布设不同形式、材料环保的组装式预制构件，可避免传统全面削坡方式的强烈扰动，且布设、安装均较为简易，从而大幅提高野外施工效率、减少人力投入。

（2）防护效果好，整体结构稳定。实施该方法后，可有效防止沟坡遭受冲刷侵蚀，提高稳定性，并形成良好的植被恢复条件，促进沟坡实现快速植被覆盖，兼具固坡、防蚀、增绿、稳定的综合效果。

第5章　面向沟底的典型生态治理方法

侵蚀沟的沟底，也称沟床，一般指因水流冲刷下切而低于所在坡面，具有经常性或间歇性水流通过的槽底部位。沟底长度随沟头前进而同步延长，宽度因沟蚀发育阶段和规模而存在变化。细沟、浅沟的沟底与沟缘宽度接近，多不足1m，且因下切深度有限，沟底与沟坡区分不明显，往往随侵蚀沟整体翻耕消除或治理。切沟、冲沟因下切较深，沟底与沟坡存在坡度急转，"V"形剖面侵蚀沟的沟底较窄，多不超过2m，"U"形剖面侵蚀沟的沟底较宽，多达数米甚至数余米。同时，作为上坡和沟道汇流的输移通道，切沟的沟底冲刷下切强烈，也是承接沟坡崩塌土体和上部来沙沉积的区域，是需要进行布设专门措施的侵蚀沟治理重要部位。

目前对于切沟和冲沟的沟坡治理主要采用修筑谷坊和营造植被两类方式。少数时候，在宽浅的沟底也会布设连续柳编跌水以滞缓径流、拦截泥沙，在上游汇流量多的大型侵蚀沟沟底也会修建拦沙坝以蓄水拦沙。其中，谷坊最为常用，按修筑材质主要有土谷坊、柳谷坊、石笼谷坊、生态袋谷坊、干砌石谷坊、浆砌石谷坊等不同形式。营造植被主要指在沟底直接扦插柳枝的植物封沟措施或在沟道整地栽植沙棘、紫穗槐等速生乔灌树种等。相比之下，由于沟底多长期遭受汇流冲刷，且面广量大，因此实际治理中仍以点状的谷坊工程措施为主，即使对于有条件大面积营造人工植被的沟底，往往也需要配套修筑谷坊，以滞洪拦沙，促进植被生长。对于不同形式的谷坊措施而言，单纯的土谷坊、柳谷坊和干砌石谷坊抗冲拦沙能力偏低，适用范围有限；浆砌石跌水施工量较大，且不够生态环保；石笼谷坊和生态袋谷坊兼具材料易得、修筑简便和效果良好等优势，但其土石交接部位的稳定性和整体植被覆绿的生态性方法仍有待优化。同时，随着新材料、新工艺的出现，采用预制构件材料组装的方式修建谷坊也逐渐得到更多的欢迎。为此，本章在对现有常规谷坊进行全面总结和适当改良的基础上，优选柳编土袋谷坊以及笔者及团队自主研发的宽肩石笼谷坊、扶垛薄壁谷坊共3项谷坊类典型沟底生态治理方法进行介绍。

5.1　柳编土袋谷坊

对于缓坡耕地中土质条件较好的中小型侵蚀沟道，采用石质类谷坊进行治理后生态效益较差，难以达到工程与生态相协调的目的，受气候变化影响容易出现工程冻胀损毁等问题，同时在交通不便的地区工程难以实施。为此，笔者提出了一种以木桩、柳条、编织袋为主要材料的柳编土袋谷坊防护技术。

5.1.1 技术组成

该技术提出的柳编土袋谷坊主要结构包括：在侵蚀沟内按一定间距垂直水流方向成排打入沟底的柳桩，在各排柳桩间利用柳条编织成的编篱以及在柳桩排间垒砌的填土编织袋。柳编土袋谷坊俯视、立面、剖面图如图 5.1～图 5.3 所示。

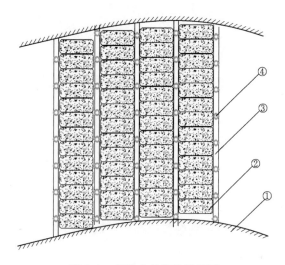

图 5.1 柳编土袋谷坊俯视图

①—沟缘线；②—填土编织袋；③—柳编篱；④—柳桩

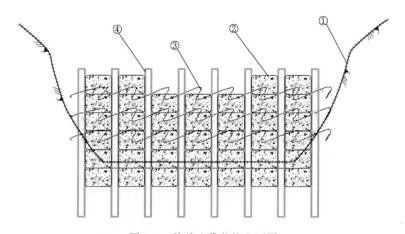

图 5.2 柳编土袋谷坊立面图

①—侵蚀沟横断面线；②—填土编织袋；③—柳条；④—柳桩

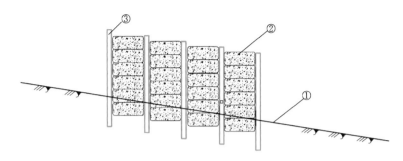

图 5.3　柳编土袋谷坊剖面图
①—侵蚀沟横断面线；②—填土编织袋；③—柳桩

（1）柳桩。柳桩最好采用新鲜的柳树桩，也可用杨树桩代替，且桩芽向上，以便树桩成活。柳桩植杆长宜取 150～200cm，埋深宜取 50～80cm，露出地面高度宜取 100～120cm，直径应不小于 7cm。

（2）柳条。宜采用鲜活的柳条，在各排木桩间编织成篱，使木桩固定成为整体。

（3）填土编织袋。应选用抗紫外线和抗老化的编织袋，编织袋装 80％ 容积的土，填土后的编织袋长度约 60cm，宽度为 40cm，厚度为 15cm，以线绳缝好袋口，从下向上分层摆放在各排木桩之间。在顶层的填土编织袋应事先拌进草籽，并对表层编织袋进行扎孔以提高植被恢复效果。

5.1.2　实施条件与方法

5.1.2.1　应用条件

该技术主要适用于缓坡耕地中土质条件较好的中小型侵蚀沟道治理。

5.1.2.2　实施方法

应用柳编土袋谷坊治理侵蚀沟的施工方法和步骤如下：

（1）定线、清基。根据设计测定的谷坊位置，按谷坊尺寸在地面划出谷坊轮廓线，将轮廓线以内的浮土、草皮、乱石及树根等全部清除，并将表层土层深松 30cm。

（2）埋桩与编篱。将选定的木桩按规划点位和设计深度打入土内，桩身与地面垂直，打桩时勿伤木桩外皮，芽眼向上，木桩可布设 3～5 排，排距 50cm，桩距 30cm，各排桩位呈"品"字形错开。沿柳树桩从地表以下 20cm 开始横向编篱。与地面齐平时，在背水面最后一排桩间铺柳枝，厚 10～20cm，桩外露枝梢约 150cm 作为海漫。

（3）填土编织袋摆放。在各排编篱间摆放填土编织袋，呈"品"字形，在填土编织袋顶部做成下凹弧形或矩形溢水口。

5.1.3 技术特点

该技术针对缓坡耕地中土质条件较好的中小型侵蚀沟道提出了柳编土袋谷坊治理技术，具有如下优点：

（1）材料就地取材，实施简便快捷。该技术以木桩、柳条和编织袋为主要材料，取材方便，材料来源广泛且质地较轻，易于运输和施工，能够有效提高工程效率和降低工程成本。

（2）利于恢复植被，措施结构稳定。该技术实施后，鲜活的木桩成活后提高了植被盖度，根系的垂直生长增加了木桩的抗滑稳定性。填土生态袋中的灌木生长成活后，进一步提高了沟底的植被盖度，并伴随着根系在袋间的生长，使填土编织袋形成整体结构，提高谷坊整体稳定性。

5.2 宽肩石笼谷坊

石笼谷坊是常见的侵蚀沟治理措施，在实践中经常出现坎肩径流绕渗、沟岸坍塌现象，致使谷坊损毁，加剧沟蚀危害。为此，笔者提出了一种能够防止坝肩处沟岸坍塌和径流绕渗的宽肩石笼谷坊结构。

5.2.1 结构组成

该技术提出的宽肩石笼谷坊主要结构包括：石笼谷坊坝体、沿两侧沟岸镶嵌在谷坊坝体上下游的防护翼墙以及谷坊坝体下游的消能海漫。宽肩石笼谷坊俯视、立面、剖面图如图5.4～图5.6所示。

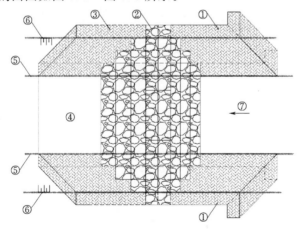

图 5.4　宽肩石笼谷坊俯视图

①—迎水侧防护翼墙；②—谷坊坝体；③—背水侧防护翼墙；④—消能海漫；

⑤—整治后的坡脚线；⑥—整治后的坡顶线；⑦—水流方向

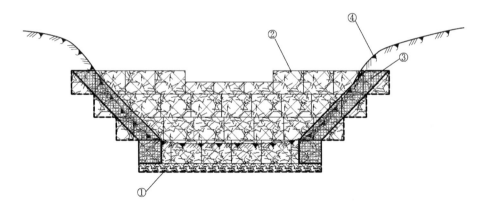

图 5.5　宽肩石笼谷坊立面图

①—基础垫层；②—谷坊坝体；③—防护翼墙；④—侵蚀沟横断面线

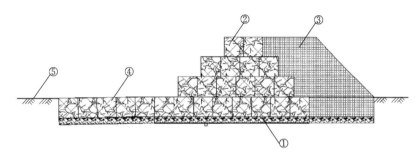

图 5.6　宽肩石笼谷坊剖面图

①—基础垫层；②—谷坊坝体；③—防护翼墙；④—消能海漫；⑤—侵蚀沟横断面线

5.2.1.1　石笼谷坊坝体

石笼谷坊坝体垂直水流方向布设于侵蚀沟道内，并伸入两侧沟岸一定距离，用于拦蓄泥沙，防止沟底下切。石笼结构透水性强，在泥沙被拦蓄后能够及时将积水排出，提高了谷坊的安全与稳定性。谷坊高度不宜大于 3m，顶宽宜取 100～150cm，上游边坡坡比宜取 1∶0.8～1∶1.0，下游边坡坡比宜取 1∶1.0～1∶1.2，石笼可用铁丝编成网格，格眼尺寸为 10～12cm，石笼体横断面为矩形，长 60～80cm，高和宽各 40～60cm。石笼基础埋深 40～60cm，基础垫层依次铺设土工布与 10cm 厚的碎石垫层。两侧坝肩嵌入沟岸应不小于 50cm，沟岸与谷坊坝肩结合处均铺设土工布。

5.2.1.2　防护翼墙

防护翼墙在谷坊迎水面与背水面的两端沟岸修建，其目的是防护谷坊两端坝肩处的土质沟岸发生渗透变形造成沟岸坍塌，起到护坡作用。防护翼墙采用石笼结构，长度视沟岸情况而定，但不宜小于 100cm，高度可与谷坊平齐，墙体坡度视沟岸坡度而定，厚度不小于 30cm，基础采用石笼结构，宽深各 60cm，基础从下向上依次铺设土工布、10cm 厚的碎石及 50cm 厚的石笼。

5.2.1.3　消能海漫

海漫布设于谷坊坝体下游沟底处，与谷坊坝体为整体结构，其目的是对通过谷坊溢流口的径流进行消能。海漫采用石笼结构，厚度不小于 30cm，可整体编笼。底部铺设土工布及 10cm 厚的碎石垫层。长度宜取谷坊高度的 1～2 倍，宽度与沟底一致。海漫顶部应与沟底平面平齐，海漫段纵向比降保持与沟道比降一致，出水末端与沟底平缓连接。

5.2.2　实施条件与方法

5.2.2.1　应用条件

该技术可广泛应用于侵蚀严重的中小型侵蚀沟道。

5.2.2.2　实施方法

应用宽肩石笼谷坊进行侵蚀沟治理的施工方法和步骤如下：

（1）清基、划定轮廓线。根据规划测定的谷坊位置，按设计的谷坊尺寸在地面划出坝基轮廓线；将基础以内的浮土、草皮、乱石及树根等全部清除，并开挖结合槽。对于岩基沟床，应清除表面的强风化层。基岩面应凿成向上游倾斜的锯齿状，两岸沟壁凿成竖向结合槽。

（2）砌石。根据设计的尺寸，先施工谷坊坝体，再依次施工防护翼墙及海漫段。坝体从下向上分层垒砌，逐层向内收坡，块石在编好的铁丝笼内应首尾相接，错缝砌筑，大石压顶。谷坊坝体施工完成后，对迎水面与背水面两侧沟岸整形，使沟道横断面形成倒梯形，沿坡脚线开挖防护翼墙基槽，底部铺设土工布与碎石垫层后，沿基础垫层从下向上沿整形后的沟岸逐层向上垒砌，直至达到设计高度。防护翼墙施工结束后在谷坊背水面沟底铺砌海漫。

（3）筑土。谷坊坝体及防护翼墙施工完成后，在迎水面及背水面填土夯实。填土前先将坚实土层深松 3～5cm，以利结合，每层填土厚 25～30cm，夯实一次；将夯实土表面刨松 3～5cm，再上新土夯实，要求干容重为 1.4～1.5t/m³。

5.2.3　技术特点

该技术针对侵蚀严重的中小型侵蚀沟提出了宽肩石笼谷坊治理技术，具有如下优点：

（1）结构稳定可靠。石笼谷坊坝体为透水结构，在拦蓄泥沙的同时能够有效将径流排除，降低淤积泥沙自重及浸润线，提高了坝体的安全稳定性。

（2）防护功能全面。与传统谷坊相比，增加了防护翼墙和消能海漫结构，可有效防止沟岸坍塌、径流绕渗及坝趾冲刷，保证工程安全，使其长久发挥作用。

5.3　扶垛薄壁谷坊

在石料匮乏地区修建石质类谷坊，存在石料运距远、工程造价高、施工工艺复杂、施工周期长、开挖扰动较大和工程占地多等问题。为此，笔者设计了一种扶垛薄壁谷坊结构，以期解决施工中材料来源匮乏、工程扰动大和占地多等问题。

5.3.1　结构组成

该技术提出的扶垛薄壁谷坊主要结构包括：铺装在沟底预制桩处的预制底板、垂直水流方向间隔一定距离竖向打入沟底的预制桩、镶嵌在预制桩之间的预制板以及支撑在预制桩背侧的预制支柱。扶垛薄壁谷坊俯视、立面、剖面图如图 5.7～图 5.9 所示。

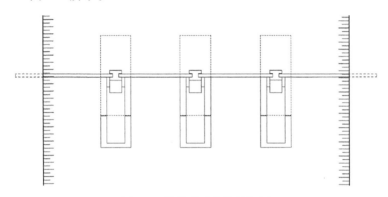

图 5.7　扶垛薄壁谷坊俯视图

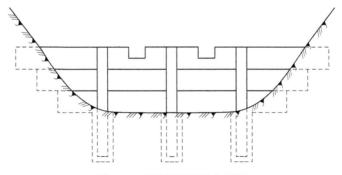

图 5.8　扶垛薄壁谷坊立面图

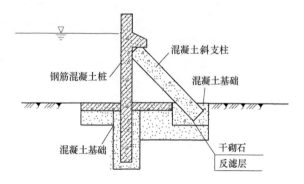

图 5.9　扶垛薄壁谷坊剖面图

5.3.1.1　预制底板

预制底板由钢筋混凝土预制而成，长度为 126cm，宽度为 50cm，厚度为 10cm，单层双向配筋，钢筋采用 $\phi5@10$ 螺纹钢筋。在底板中心位置预留 1 处方孔，长度为 36cm，宽度为 20cm，作为预制桩的插孔，起到固定作用。在每个预制桩处铺装 1 个预制底板，预制底板长度方向平行于水流方向。预制底板平面图如图 5.10 所示。

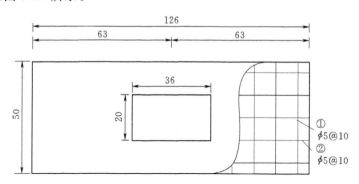

图 5.10　预制底板平面图（单位：cm）

5.3.1.2　预制桩

预制桩由钢筋混凝土预制而成，高度视谷坊高度而定，横截面整体长度为 20cm，宽度为 16cm，在两侧宽度方向预留宽度为 6cm、深度为 5cm 的齿槽，使截面形成工字形。预制桩纵筋布设在截面拐点处，采用 $\phi8$ 螺纹钢筋，箍筋采用 $\phi5@10$ 螺纹钢筋。在预制桩背侧距顶部约 25cm 处设置 1 处支护结构，支护结构底部垂直预制桩背侧，凸起高度为 20cm，厚度为 10cm，顶部按 1：0.5 收坡至预制桩背侧。其作用是作为预制支柱的支撑受力点，防止预制桩发生倾覆和位移。

5.3.1.3　预制板

预制板由钢筋混凝土预制而成，最大长度不超过 160cm，宽度为 40cm，厚度为 5cm。单层双向配筋，钢筋采用 ϕ5@10 螺纹钢筋。预制板镶嵌在预制桩两侧的齿槽内，在两侧伸入沟岸不小于 0.5m，以此形成拦沙坝，用于拦蓄泥沙。最顶侧的预制板应预留矩形凹槽，作为谷坊的溢流口。预制板平面图如图 5.12 所示。

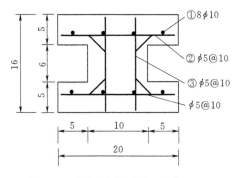

图 5.11　预制桩截面图（单位：cm）

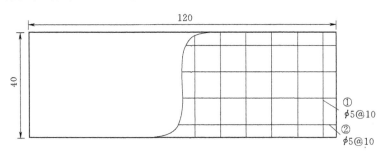

图 5.12　预制板平面图（单位：cm）

5.3.1.4　预制支柱

预制支柱由钢筋混凝土预制而成，呈长方体结构，高度视谷坊而定，横断面长度为 30cm，宽度为 20cm，钢筋采用 ϕ10 螺纹钢筋。预制支柱斜向布设在预制支柱背侧，其顶部支撑在预制桩支护结构的底部，底部固定于谷坊下游的混凝土基础内。其作用是改善预制桩的受力结构，提高预制桩的抗倾覆与抗滑能力。预制支柱侧视图如图 5.13 所示。

5.3.2　实施条件与方法

5.3.2.1　应用条件

该技术可广泛应用于石料匮乏、水土流失严重地区的小型侵蚀沟道治理。

5.3.2.2　实施方法

应用扶垛薄壁谷坊进行侵蚀沟治理的施工方法和步骤如下：

（1）清基、划定轮廓线。根据规划测定的谷坊位置，按设计的谷坊尺寸在地面划出坝基轮廓线，将基础以内的浮土、草皮、乱石及树根等全部清除，并开挖桩基与沟岸结合槽。桩基深度不小于 80cm，宽度和长度不小于 40cm。沟

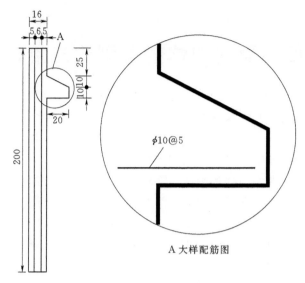

图 5.13 预制支柱侧视图（单位：cm）

岸结合槽伸入沟岸距离不小于 50cm。

（2）构件安装。在基坑底部浇筑混凝土，厚度不小于 10cm，之后将桩基放置在基坑中，预留齿槽方向垂直水流方向，继续浇筑混凝土并捣实，直至基坑填满后，铺装预制底板。在预制桩间按设计尺寸从下向上依次摆放预制板，并使其固定于预制桩两侧的齿槽内。将预制支柱斜向固定于预制桩的支撑点及下游混凝土基础之中。

5.3.3 技术特点

该技术针对石料匮乏、水土流失严重地区的小型侵蚀沟道提出了扶垛薄壁谷坊治理技术，具有如下优点：

（1）构件集约生产，工期短，效率高。采用了钢筋混凝土预制结构，可在工厂内实现规模化生产，且构件易于运输与安装，避免了复杂的施工工序，与其他类型谷坊相比，大大缩短了施工期。

（2）构件体积小，减少了施工扰动。钢筋混凝土预制结构具有强度高和体积小等优点，应用于侵蚀沟治理能够有效减少工程土方开挖和占地。

第6章　面向沟体的典型生态治理方法

侵蚀沟的沟体，广义层面等同侵蚀沟，即因汇流冲刷和重力崩塌而形成的切入所在坡面的沟道。狭义层面主要指大型浅沟和切沟、冲沟沟缘线以下的凹槽状地貌，包括沟头、沟坡、沟底和沟口。

由于投入、占地等方面的限制，除通过翻耕整体消除细沟和浅沟外，对于其他侵蚀沟，一般针对沟头、沟坡或沟底等重点侵蚀部位进行局部治理以控制其进一步发育扩张，或在侵蚀沟上部坡面布设减少或阻断汇流的措施以削弱或消除侵蚀动力，进而达到防控目的。然而，有时因耕作、排水或景观等需要，也会对侵蚀沟的沟体进行全面治理。主要有3种情形：①因连续耕作需要，对分布于农田内的中小型切沟，进行沟体填埋后恢复耕种；②因排水需要，对分布于水线上的大型浅沟或宽浅切沟，进行沟体植草后以沟代渠；③因景观需要或为了提升治理区的整体功能与效果，对大中型切沟甚至冲沟，进行局部或全面整地后栽植乔灌植被变沟为林。相比之下，前两种情形更为多见，且治理措施也更具特色，而对沟体进行整体植被恢复则属于传统治理措施。为此，本章针对上述的前两种沟体治理情形，在对现有治理措施进行全面梳理的基础上，分别优选植草覆沟排水和物料填埋复垦2项沟体治理方法进行典型介绍。

6.1　植草覆沟排水

林草覆沟排水方法来源于垡带，适宜布设在深度小于2.5m的宽浅型侵蚀沟，修复后的侵蚀沟应作为泄洪排水使用，同时可以有效拦截、滞留泥沙，是一种非常有效的侵蚀沟沟体防护措施。垡带在实施过程中所需的垡块来源于湿地，而垡带作为湿地生态系统中的主要载体，对湿地生态系统具有重要作用，不合理的取用湿地垡块，会对湿地水土资源造成严重破坏，不符合新时期水土保持生态文明指导思想，一旦破坏，短时间难以恢复，但垡带治理方法和思路仍对侵蚀沟沟体生态治理具有重要借鉴意义，因此，该技术用常规草皮替代传统垡带，草皮底部铺设蜂巢式土工格，提出了一种植草覆沟排水方法，用于宽浅型侵蚀沟沟体治理。

6.1.1　结构与方法

植草覆沟排水方法平面示意图如图6.1所示，从侵蚀沟沟头开始，每隔一定距离横向用推土机在沟底推出一定深度和宽度的条带状沟槽,用于铺设蜂巢式土工格,土工格内部填入厚6～8cm的种植土,土工格内撒播草籽,形成草带,相邻两个草带的间距为15～50m,草带宽度为2.5m,草带能够有效地提高蓄水和净水能力,缓解径流冲刷力度,防止侵蚀沟进一步下切和扩张。水流对土体冲刷时,土工格结构能够有效地将集中应力扩散、传递或分解,防止土体受外力作用而破坏,保护土壤,土工格下层为原土壤层。来自沟道上游的降雨汇流流经草带时,水流冲力经土工格草带进一步消减,一部分雨水经种植层渗透到地下土壤,另一部分雨集蓄沿沟底向下游流动,汇流经过沟道内多道草皮层拦截缓冲和入渗后,不仅大大减小了汇流的冲刷和挟沙能力,防止沟道冲刷,而且增加沟道绿化和景观效果,提高沟道的排水能力。

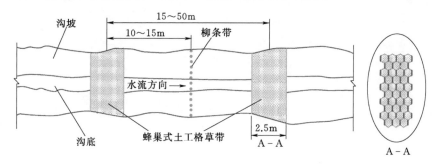

图 6.1 植草覆沟排水方法平面示意图

蜂巢式土工格草带断面如图6.2所示,蜂巢式土工格制作结构流程如图6.3所示。蜂巢式土工格采用高密度聚乙烯新型复合工程材料制成,经过折弯加工后形成正六边形框架三维立体蜂巢网格结构,相邻两个折弯条通过双层边的焊接或螺栓连接固定成型,形成正六边形土工格,边长为10cm,土工格厚度为10cm,单个土工格的六个边条内均匀开设直径为5mm的圆孔,圆孔的作用是促进相邻土工格内部土壤、水分和气体的连通,六边形蜂巢土工格室的构造非常精巧,由无数个大小相同的正六边形房孔组成,每个房孔都被其他房孔包围,施工时配合底部无纺布及顶部覆盖植生毯形成一个密闭式蜂窝空间,能

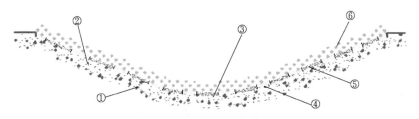

图 6.2 蜂巢式土工格草带断面图

①—土壤;②—沟坡;③—沟底;④—蜂巢式土工格;⑤—种植土层;⑥—草带

够起到稳定土壤及最高承载力层的作用。六边形蜂巢式土工格室结构稳定性更高，在其内部填充土壤后土工格的六条边能很好地形成支持和相互作用，在于相邻的土工格间形成作用力能更好地稳定整个区域的土壤。相邻两个土工格共用单层边，相互组合六边形的重叠边形成双层边。这是为了提高强度，提高相互作用力，从而达到高强度高承载力的目的。

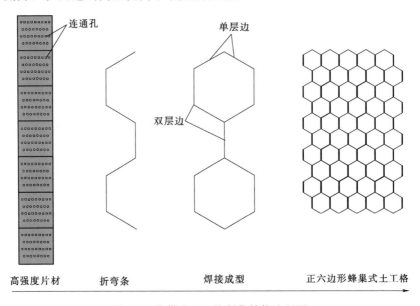

图 6.3　蜂巢式土工格制作结构流程图

6.1.2　条件与实施

6.1.2.1　应用条件

该技术主要适用于布设在深度小于 2.5m 的宽浅型侵蚀沟，修复后的侵蚀沟应作为泄洪排水使用。

6.1.2.2　实施过程

应用植草覆沟排水结构进行沟头防护的施工方法和步骤如下：

（1）沟道整形。"V"形侵蚀沟削坡整形后，先用推土机将沟沿两侧的表土推至一旁，将生土推向沟底，回填的生土应达到原沟深的 2/3。最后将表土回填、铺匀并实压。

（2）推出沟槽。从沟头开始，每隔 15～50m 横向用推土机在沟底推出宽 2.4m（推土机的铲宽）、深 0.35m 的砌垡沟槽，垡带的长度为沟宽。

（3）砌筑草带。在沟槽内错缝摆放草皮，草的种类通常选用抗逆性强、分蘖密集、茎秆直立、生长迅速、根系发达的须根系草本植物。草皮铺设完成后，草皮块之间的空隙填充土壤。镶嵌完草带后，用土压实草带边缘。

（4）插柳成带。在堡带两端、沟沿或堡带间隔的空地栽植柳条。

（5）后期维护。治理后的侵蚀沟严禁机械作业耕翻。每次降水后应巡查，及时补修冲坏的堡带。

6.1.3 技术特点

该技术具有如下优点：

（1）开挖扰动小，建设及维护成本低。沿沟道水流方向，间隔一定距离布设草皮带和柳条带，施工简单，后期维护成本低，并且占地少，农民易接受，如果草种为牧科或经济作物还能带来经济效益。

（2）防护效果好，生态及景观效果好。该技术属于植物措施，实施该方法后，可有效防止沟坡和沟底遭受冲刷侵蚀，并形成良好的植被恢复条件，促进侵蚀沟构体快速植被覆盖，生态及景观效果良好。

6.2 物料填埋复垦

传统侵蚀沟治理技术，如沟底谷坊、栽植水保林、沟头跌水等生态修复模式，虽然能够实现沟道稳固和生态功能提升的治理目标，但是沟道侵蚀造成的田块破碎、机械不通或损毁耕地等弊端未能得到有效解决。物料填埋复垦技术是利用侵蚀沟附近耕地作物收获后的废弃秸秆，将秸秆打捆压实填充到沟道内，然后在秸秆上层覆土，同时，将地表径流通过表土入渗和渗井导入地下暗管，由暗管将汇流倒出到下游排水沟中，该技术能够实现沟毁耕地再造，恢复垦殖，防止修复后的侵蚀沟复发。

6.2.1 结构与方法

6.2.1.1 结构组成

物料填埋复垦技术主要由暗管、秸秆打捆、表土回覆、截留埝和渗井等5部分组成，物料填埋复垦技术示意图如图6.4所示，当降雨汇流沿整治后的侵蚀沟沟顶流动时，一部分雨水直接沿土壤渗入秸秆层，另外一部分雨水由截留埝拦截后，通过渗井直接渗入秸秆层，通过以上两种方式，降雨汇流由地面转移到地下，并通过布设于沟道底部中央位置的暗管排出，暗管与农田排水沟或自然沟道顺接，以保证排水畅通。

6.2.1.2 暗管

暗管由PVC排水管加工制成，在PVC排水管上半部均匀钻孔，此孔为导水孔，为水分渗入暗管的通道，PVC管上的钻孔直径为3mm，相邻两孔之间

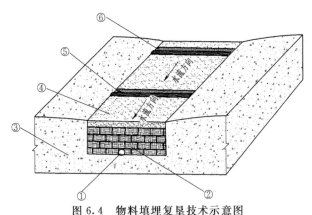

图 6.4　物料填埋复垦技术示意图

①—暗管；②—秸秆捆；③—土壤；④—回填土；⑤—截流埂；⑥—渗井

的间距为 5cm，钻孔完成后，PVC 管外侧用孔径为 16～100 目的尼龙网包裹，防止泥沙等杂质堵塞导水孔。

6.2.1.3　秸秆打捆和表土回覆

侵蚀沟内填埋的物料选用收割后的小麦、玉米、水稻或大豆废弃秸秆，秸秆机械破碎后打捆成型，单个秸秆捆的质量不超过 50kg，密度不小于 230kg/m³，秸秆铺设至指定高度后，将沟道整形的多余土逐层回填至秸秆上方，经机械压实后回填的表土应高于原地面 10～20cm，留作土壤自然沉降空间。

6.2.1.4　截留埂和渗井

物料填埋复垦措施实施后，侵蚀沟虽然消失了，但是沟道区仍为田块的汇流区，暴雨或连续降雨后易发生超渗产流，因此，在原沟道顶部，沿汇流路径方向，每间隔 20～40m 修筑截留埂和渗井，拦截径流后，将径流通过渗井导入暗管。截留埂为弧形的土埂，土埂高度为 0.5～1.0m，宽度应大于 2m，截留埂的迎水侧布设渗井，渗井横向宽度为沟宽，纵向长度为 1m，内部填充碎石，碎石上部填充约 20cm 厚度的沙层，物料填埋复垦技术纵、横断面如图 6.5 和图 6.6 所示。

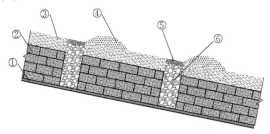

图 6.5　物料填埋复垦技术纵断面图

①—暗管；②—秸秆捆；③—回填土；④—截流埂；⑤—沙层；⑥—碎石层

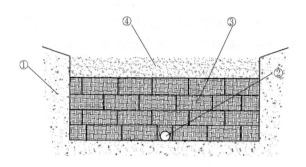

图 6.6　物料填埋复垦技术横断面图
①—土壤；②—暗管；③—秸秆捆；④—回填土

6.2.2　条件与实施

6.2.2.1　应用条件

该技术主要适用于耕地中侵蚀沟沟道深度小于 2m 的浅沟、小型沟以及支沟的修复，修复后的侵蚀沟应作为耕地使用。

6.2.2.2　实施过程

应用物料填埋复垦技术进行侵蚀沟构体治理的施工方法和步骤如下：

（1）沟道整形。措施实施前首先将侵蚀沟横断面形状通过削坡、开挖和清理修整成长方形，为后续秸秆捆铺设创造空间条件，并且为表层覆土准备回填土壤。

（2）暗管铺设。在整形后的侵蚀沟沟底中央铺设排水暗管，沟底比降不小于 2%，以利于排水。

（3）秸秆打捆填埋。利用秸秆打捆机将秸秆打捆，秸秆捆的长度为 0.4～0.6m，宽度为 0.2～0.4m，高度为 0.25～0.5m，打捆选用耐腐的尼龙绳。将秸秆捆分层紧密排列铺设于侵蚀沟沟底，铺设的高度低于沟边 50cm。

（4）截留埂修筑。在沟线中部，间隔横向修筑缓弧形土埂，起到拦截汇流的作用，机械可行走并耕种。

（5）渗井修筑。在截流埂迎水面修筑方形井，下部与暗管相连，内部用碎石填充，表层用粗砂填充。

6.2.3　技术特点

该技术具有如下优点：

（1）秸秆填埋沟道，资源化利用废弃秸秆。该技术利用侵蚀沟附近农作物废弃秸秆作为填充物对侵蚀沟构体进行填充后复垦，将废弃秸秆资源化利用，

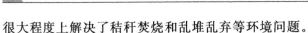

很大程度上解决了秸秆焚烧和乱堆乱弃等环境问题。

（2）修复受损耕地，沟毁耕地恢复效果好。侵蚀沟复垦后，降雨径流通过覆土层和渗井垂直下渗入秸秆层，变地表径流为地下暗管排水，减小或消除地表股流的冲刷，避免修复后的耕地在此冲刷成沟。

第 7 章　东北侵蚀沟防治展望

侵蚀沟是黑土地侵蚀退化的极端表现，量大害深，给国土、生态和粮食安全造成重要威胁。为此，水利部近年先后印发《东北黑土区侵蚀沟治理专项规划（2016—2030 年）》《水利部农业综合开发东北黑土区侵蚀沟综合治理和黄土高原塬面保护实施规划（2017—2020 年）》，并从 2017 年开始对东北黑土区侵蚀沟开展专项重点工程治理。2020 年中央 1 号文件更明确要求"推进侵蚀沟治理，启动实施东北黑土地保护性耕作行动计划"。然而，东北黑土区的水土流失防治问题自 20 世纪末才得到国家高度重视，陆续实施了一系列国家重点工程，相关研究伴随治理实践虽不断发展，但起步较晚、基础薄弱、总体不足。同时，该区地形长缓、垄作普遍，集中连片的机械化作业比例高，特殊的气候地形条件和土地利用情势，使水土流失过程、规律及其可行的防治措施极具独特性，许多针对其他区域的成熟理论技术难以直接适用，而新时代黑土地保护和绿色发展、乡村振兴等国家战略又给水土保持提出更新、更高的需求，急需强化针对性科技支撑，提出针对性防治对策。为此，本章尝试总结了东北侵蚀沟防治的科技需求重点和对策建议，以期对当前及今后一段时期该区侵蚀沟防治的提速增效提供有益参考。

7.1　科技需求重点

围绕现有侵蚀沟防治中存在的科技问题，面向新时代国家战略和重点工程治理的科技需求，未来应重点突破以下 7 个方面科技需求：

（1）持续开展侵蚀沟区域定期调查。自 2011 年第一次全国水利普查首次对东北侵蚀沟进行全面遥感调查，大致掌握了长度 100m 以上的侵蚀沟数量与分布至今，已历时近 10 年。10 年来区域侵蚀沟的存量有无增减？组构有何变化？发展呈何速率？治理是何成效？等问题都需要回答，以便为及时调整和确定未来防治布局及对策提供依据。为此，应及时开展全域侵蚀沟调查，并建立长效机制。

（2）全面揭示侵蚀沟分布格局规律。东北侵蚀沟量大面广，为科学制定区域侵蚀沟群宏观防控布局和国土空间规划，需要掌握其分布格局规律。为此，应充分利用普查和调查数据，辨识东北黑土区侵蚀沟多尺度分布格局及其与主要环境要素依存关系，明确侵蚀沟多发、易发区，评价气候变化与区域发展综合影响的不同区域侵蚀沟发展潜力。

（3）深入探析侵蚀沟发育演变机制。东北侵蚀沟受冻融-汇流复合营力和长缓-垄作特殊地形影响，与土地利用等要素存在紧密关联，为科学开展流域、垦区内侵蚀沟道和山水林田湖草系统规划治理，需要了解其发育演变机制。为此，应通过加强野外长期观测和室内模拟实验，揭示侵蚀沟全过程形态、动力发展演变及其对关键驱动因子响应关系，确定反映侵蚀沟道与农田、道路、林网等要素影响的生态水文过程，构建沟蚀预测预报模型，探明侵蚀沟防控机制。

（4）系统建立侵蚀沟精准防控技术。东北侵蚀沟分布不均、类型多样、规格多变，治理的条件和需求也不尽一致，需要有针对性的对位治理，才能有力保障黑土地保护，促进乡村振兴和绿色发展。为此，应划定面向侵蚀沟治理的不同分区，建立合理的分类、分级标准，并在系统总结评价现有治沟方法的基础上，研发面向分类、分级、分区的生态治沟新方法、新材料、新工艺及其高效集成模式，建立侵蚀沟精准防控技术体系。

（5）创新研发侵蚀沟坡面治理技术。坡面是沟蚀形成发育载体与直接危害对象，控制或切断上坡雨洪是治沟的根本，坡-沟兼治则是水土保持重要原则。由于农牧业垦殖率和机械化程度高，对水土保持措施占地约束强，传统坡面治理措施往往面临阻力而难以落地。为此，应面向现代农业生产，创新易实施、可推广的农田保护性耕作措施，低扰动、生态型的理水减蚀工程措施，本地化、经济型的水土保持植物措施，形成坡面、沟道、流域水土流失全过程系统治理技术。

（6）综合搭建侵蚀沟信息监管平台。随着国家信息化建设深入，"数字松辽""数字黑土"方兴未艾。新阶段水利高质量发展对水土保持管理提出更高要求。侵蚀沟防治作为黑土地保护和生态建设重要内容，具有分布广、数量大、变化快、信息多等特点，亟待建立信息化监管平台。为此，应集成侵蚀沟多要素空天地一体化调查与监测方法，研究多元数据处理、信息深度挖掘和自动预警评价技术，开发智慧决策管理平台与应用终端。

（7）积极探索侵蚀沟防治配套政策。过去的东北黑土区水土保持重点工程实施经验表明，治理措施的占地补偿和运维费用不足，治理过程的管理效率和群众参与度不高，治理活动的社会资本引入缺乏等问题，是更好更快推进东北黑土区侵蚀沟乃至水土流失防治进程的重要制约。为此，应进一步完善水土保持重点工程管理制度，探索建立面向水土保持的公益性占地流转、减免式生态补偿、多元化治理投入、法制化监管奖惩等配套法规、政策和机制。

7.2 防治对策建议

依据东北侵蚀沟的分布、危害以及以往防治中存在的技术、政策、投入、管理等各方面问题，面向新时代国家生态文明建设和黑土地保护战略实施的要求，建议从以下 8 个方面发力，以更好更快地推进侵蚀沟防治：

（1）加强坡耕地、疏林地和草地水土保持，遏制侵蚀沟增量。东北黑土区坡耕地、稀疏林和草地是沟蚀主要发生地类，分布 98％的百米以上侵蚀沟。尤其是坡耕地，更集中了全区百米以上侵蚀沟总数的 58％和百米以上发展型侵蚀沟总数的 62％，既是侵蚀沟形成的重要驱动，也是侵蚀沟危害的主要对象。21 世纪以来，虽然对农田、荒坡的水土流失防治持续加大，但限于治理工作起步晚、土地利用强度高等因素，区内坡耕地和水土流失面积仍存在波动性增大，由此导致许多地方存在侵蚀沟边治理边增加的被动局面。因此，未来要进一步加强坡耕地和稀疏林、草地的水土流失防治，阻控侵蚀沟发育动力，保护侵蚀沟形成载体，从根本上遏制沟蚀加重态势，严控侵蚀沟增量。

（2）优化分区域、分类型多目标精准治理，消减侵蚀沟存量。东北侵蚀沟量大面广、复杂多变。随着多年来国家重点工程实施，已确立分区、分类的治理原则，并在侵蚀沟治理专项规划中，按不同区域和类型，总体明确了治理目标和任务。然而，目前的分区直接沿用全国水土保持区划，按东北黑土区所含 6 个二级区或 9 个三级区统筹布局，并未针对性反映侵蚀沟发育分布和防治需求的空间格局，分类仍是单纯考虑大小规模的半定量层面，目标则多限于水土保持、植被恢复等基本功能，难以满足新时代黑土地保护、乡镇振兴和绿色发展综合要求。因此，未来应对标土地利用需求维持，进一步优化治沟专项分区、分类体系，探索工程整治与自然恢复统筹并举、治理恢复与开发利用因地制宜的多目标防治对策，逐步实现"一沟一策"精细治理，更快更好地消减侵蚀沟增量。

（3）开展天空地、多要素周期性专项普查，掌握侵蚀沟变量。通过 21 世纪初期以来近 20 年持续治理，东北侵蚀沟存量分布怎样变化？类型规模有无不同？危害影响是何状况？治理成效具体怎样？等问题，越来越急需回答，以更好总结经验、发现问题和调整对策。然而，目前仅在第一次全国水利普查时以 2011 年为基准，开展过东北侵蚀沟专项调查，主要采用 2.5m 分辨率遥感影像获取了百米以上侵蚀沟的长度、面积等信息，明显无法满足今后深入开展全区侵蚀沟防治规划布局、预警预报和成效评估的需要，以及新阶段水利高质量发展要求。为此，应结合水土保持信息化监管全面实施，确定以 3～5 年为周期的侵蚀沟专项普查，综合应用高分辨率和多光谱遥感影像、无人机航测和

81

地面调查等天空地一体化手段，动态监测规格、地形、覆盖等多元要素，及时掌握侵蚀沟变量，为科学防治提供基础依据。

（4）完善保护性、公益性黑土地占补政策，促进治沟措施落地保存。传统的水土保持措施一般至少需要占地 10%～15%，而东北黑土区土地垦殖率高、农民对耕地占用抵触强，目前国家水土保持重点工程则既缺耕地占用补偿预算、又无措施后期养护费用，导致需要布设的坡面措施因农户不接受无偿占地而难以顺利落实，沟道措施一旦超过沟沿线也无法持续保存。这已成为东北黑土区包括侵蚀沟在内的水土流失防治重要瓶颈。为此，除了加强少占地甚至不占地的水土保持治理新方法研发外，因地制宜的完善耕地占用补偿的法规政策也必不可少。今后一方面应从黑土地保护立法的角度明确水土保持等保护性和公益性耕地占用的合法性质，以及土地使用者对防治黑土流失退化的法定责任；另一方面，需制定合理的占地补偿标准、方式和落实途径，并纳入国家重点工程预算。通过制度约束和经济调控，双向破解黑土地水土保持所面临的重要瓶颈。

（5）提出科学化、定量化目标及考评指标，压实政府治沟主体责任。东北侵蚀沟对国家粮食安全和区域生态环境造成严重威胁，无疑是该区生态保护与治理的重中之重。然后，目前国家进行水土保持任务规划布局与成效考核评估所采用的水土流失及其面积等指标，显然无法有效反映侵蚀沟这类特殊水土流失的存量危害和治理成效，自然也难以全面发挥目标导向和责任压实作用。为此，应针对东北黑土区水土流失特点，构建能全面反映面蚀与沟蚀综合治理、面积与强度协同减控的水土保持目标量化指标，并纳入黑土地保护战略实施的整体评价体系。通过定期监测、定量评估和定责考核，更加科学、有效地指导地方各级开展水土保持规划与防治，压实政府在侵蚀沟治理中的主体责任。

（6）强化生态型、高效型防治理论与方法，支撑治沟工程提质增效。作为土壤侵蚀发展的后期阶段，沟蚀的相关理论和技术本就较面蚀薄弱，加之东北黑土区相关研究起步较晚，又具有双重侵蚀营力叠加、地形长缓起伏、人为垄作普遍等独特土壤侵蚀背景，因此针对性的治沟理论和技术长期具有迫切研究必要。同时，该区农田集约化、机械化耕作程度高，现代农业对包括侵蚀沟治理在内水土保持技术提出了新的挑战，诸如减少扰动占地、简便实施工艺、优化措施材料等要求较其他类型区更为强烈。正是这些因素，导致该区过去近 20 年国家水土保持重点工程的措施平均保存率仅 52%，极大影响治理成效。为此，今后应针对东北黑土区特殊自然、社会条件，以防蚀、理水、增绿为核心，继续加强生态、节地、高效的治沟新理论、新方法、新材料和新工艺，并重视模式总结、技术推广和规划、设计、施工等基层技术人员培训。

（7）完善多渠道、精准化投资渠道与模式，保障治沟目标加快落实。近20年来，国家对东北黑土区水土保持投入不断加大，东北黑土区水土流失综合治理工程的试点、一期和二期工程累计完成中央投资约12.1亿元，2017—2020年的国家农业综合开发东北黑土区侵蚀沟综合治理工程即将完成全部规划中央投资约21.4亿元。然而，一是投资规模仍与量大面广的治沟需求不相匹配量，区内侵蚀沟水土流失累计治理率不足1%；二是治理投入标准依然偏低，2017年之前的工程，单沟治理投资仅1万元左右，正在实施的侵蚀沟综合治理工程平均标准虽提高至小型沟16万元左右、中型沟30万元左右，但与沟坡统筹、系统治理的要求仍有差距。为此，应持续加大中央投入，争取设立东北黑土地保护专项治理资金，并充分考虑东北经济发展水平，酌情降低地方配套资金比例。同时，积极探索社会资本参与侵蚀沟治理等生态建设的投融资激励政策与合作模式，并通过以奖代补、村民自建等方式鼓励治理区群众广泛、深度参与治沟实践。

（8）深化多部门、协同化黑土地保护机制，实现侵蚀退化系统防治。黑土地变"少"、变"薄"、变"瘦"、变"硬"是侵蚀退化的综合问题，需系统治理。侵蚀沟作为水土流失的最严重表现，则是黑土地侵蚀退化综合病中的急症和顽症，更应纳入黑土地保护战略统筹防治。长期以来，水利和农业部门分别从水土保持和耕地保护的角度实施了一系列重点工程，但未能从侵蚀与退化过程的综合互馈角度协同治理，也未从山水林田湖草生命共同体角度系统配置，难以从根本上实现黑土资源保护与可持续利用。为此，农业部、国家发展改革委、财政部、国土资源部、环境保护部、水利部共同制定了《东北黑土地保护规划纲要（2017—2030年）》，希望多部门联动，形成黑土地保护合力。在此背景下，东北侵蚀沟防治应上升为国家行动计划的重要内容，由地方政府牵头，不同行业协作，共同保障侵蚀沟在内的黑土地侵蚀退化综合问题得到系统破解。

主 要 参 考 文 献

白建宏，2017a. 东北黑土区侵蚀沟分级初探 [J]. 中国水土保持，(10)：41-42.

白建宏，2017b. 基于水土保持三级区划的东北黑土区侵蚀沟分布现状及综合防治策略 [J]. 中国水土保持，(10)：41-42.

边锋，郑粉莉，徐锡蒙，等，2016. 东北黑土区顺坡垄作和无垄作坡面侵蚀过程对比 [J]. 水土保持通报，36 (1)：11-16.

蔡强国，范昊明，沈波，2003. 松辽流域土壤侵蚀危险性分析与防治对策研究 [J]. 水土保持学报，17 (3)：21-24.

戴武刚，张富，2002. 辽西低山丘陵区侵蚀沟壑分类的研究 [J]. 水土保持科技情报，(1)：34-35.

第一次全国水利普查成果丛书编委会，2017. 水土保持情况普查报告 [M]. 北京：中国水利水电出版社.

杜国明，雷国平，宗晓丹，2011. 东北典型黑土漫岗区切沟侵蚀空间格局分析 [J]. 水土保持研究，18 (2)：94-98.

范昊明，蔡强国，王红闪，2004. 中国东北黑土区土壤侵蚀环境 [J]. 水土保持学报，18 (2)：66-70.

范昊明，王铁良，蔡强国，等，2007. 东北黑土漫岗区侵蚀沟发展模式研究 [J]. 水土保持研究，14 (6)：328-330，334.

韩继忠，吴霞，张春山，等，1996. 漫岗丘陵黑土区的侵蚀沟防治工程 [J]. 中国水土保持，(5)：25-27.

胡刚，伍永秋，刘宝元，等，2009. 东北漫岗黑土浅沟侵蚀发育特征 [J]. 地理科学，29 (4)：545-549.

李浩，杨薇，刘晓冰，等，2019. 沟蚀发生的地貌临界理论计算中数据获取方法及应用 [J]. 农业工程学报，35 (18)：127-133.

李茂娟，李天奇，朱连奇，等，2019. 50 年来东北黑土区土地利用变化对沟蚀的影响——以克东地区为例 [J]. 地理研究，38 (12)：2913-2926.

刘宝元，刘刚，王大安，等，2018. 区域沟蚀野外调查方法——以东北地区为例 [J]. 中国水土保持科学，16 (4)：34-40.

刘宝元，阎百兴，沈波，等，2008. 东北黑土区农地水土流失现状与综合治理对策 [J]. 中国水土保持科学，6 (1)：1-8.

刘宝元，杨扬，陆绍娟，2018. 几个常用土壤侵蚀术语辨析及其生产实践意义 [J]. 中国水土保持科学，16 (1)：9-16.

孟令钦，李勇，2009. 东北黑土区坡耕地侵蚀沟发育机理初探. 水土保持学报 [J]. 23 (1)：7-11，44.

欧洋，阎百兴，白建宏，等，2018. 东北黑土区侵蚀沟危害面积识别研究 [J]. 中国水土保持科学，16 (6)：24-30.

秦伟，朱清科，赵磊磊，等，2010. 基于 RS 和 GIS 的黄土丘陵沟壑区浅沟侵蚀地形特征研究 [J]. 26（6）：58-64.

秦伟，左长清，范建荣，等，2014. 东北黑土区侵蚀沟治理对策 [J]. 中国水利，（20）：37-41.

任宪平，2013. 拜泉县前进项目区治沟专项工程水土流失综合治理模式及效益分析 [J]. 水土保持应用技术，（6）：27-28.

石长金，温是，何金全，1995. 侵蚀沟系统分类与综合开发治理模式研究 [J]. 农业系统科学与综合研究，11（3）：193-197.

水利部，中国科学院，中国工程院，2010. 中国水土流失防治与生态安全：东北黑土区卷 [M]. 北京：科学出版社.

水利部，2018. 东北黑土区侵蚀沟治理专项规划（2016—2030 年）：水保〔2018〕14 号 [A].

水利部，2012. 全国水土保持区划（试行）：办水保〔2012〕512 号 [A].

水利部，2017. 水利部农业综合开发东北黑土区侵蚀沟综合治理和黄土高原塬面保护实施规划（2017—2020 年）：水保〔2017〕12 号 [A].

水利部，2013. 第一次全国水利普查水土保持情况公报 [J]. 中国水土保持，（10）：2-3，11.

水利部，2009. 黑土区水土流失综合防治技术标准：SL 446—2009 [S]. 北京：中国水利水电出版社.

宋春雨，张兴义，2017. 复式地埂水土保持技术 [M]. 哈尔滨：哈尔滨地图出版社.

王宝桐，潘庆宾，2014. 侵蚀沟道水土流失防治技术 [M]. 北京：中国水利水电出版社.

王文娟，张树文，李颖东，等，2009. 东北黑土区近 40 年沟谷侵蚀动态及影响因素分析 [J]. 水土保持学报，23（5）：51-55.

温磊磊，郑粉莉，沈海鸥，等，2004. 沟头秸秆覆盖对东北黑土区坡耕地沟蚀发育影响的试验研究 [J]. 泥沙研究，（6）：73-80.

武龙甫，2007. 东北黑土区水土流失综合防治试点工程的实践探索 [J]. 中国水利，（16）：4-8.

许晓鸿，隋媛媛，张瑜，等，2014. 东北丘陵区沟蚀发展现状及影响因素分析 [J]. 土壤学报，51（4）：25-34.

闫业超，张树文，岳书平，2010. 近 40a 黑土典型区坡沟侵蚀动态变化 [J]. 农业工程学报，26（2）：109-115.

阎百兴，杨育红，刘兴土，等，2008. 东北黑土区土壤侵蚀现状与演变趋势 [J]. 中国水土保持，（12）：26-30.

杨青森，郑粉莉，温磊磊，等，2011. 秸秆覆盖对东北黑土区土壤侵蚀及养分流失的影响 [J]. 水土保持通报，31（2）：1-5.

于明，2004. 黑龙江省平原漫岗区侵蚀沟治理新措施 [J]. 中国水土保持，（4）：36-37.

于章涛，伍永秋，2003. 黑土地切沟侵蚀的成因与危害. 北京师范大学学报（自然科学版）[J]，39（5）：701-705.

翟真江，郭继君，李洪娟，2005. 侵蚀沟治理的一种方法 [J]. 黑龙江水利科技，33（4）：141.

张科利，彭文英，杨红丽，2007. 中国土壤可蚀性值及其估算 [J]. 土壤学报，44（1）：

7－13.

张兴义，刘晓冰，赵军，2018. 黑土利用与保护 ［M］. 北京：科学出版社.

张兴义，祁志，张晟旻，等，2019. 东北黑土区农田侵蚀沟填埋复垦工程技术 ［J］. 中国水
   土保持科学，17（5）：128－135.

张旭，顾广贺，范昊明，等，2014. 东北黑土区降雨侵蚀力与侵蚀沟发育关系研究 ［J］. 沈
   阳农业大学学报，45（2）：249－252.

张永光，伍永秋，刘洪鹄，等，2007. 东北漫岗黑土区地形因子对浅沟侵蚀的影响分析
   ［J］. 水土保持学报，21（1）：35－28，49.

赵玉明，刘宝元，姜洪涛，2012. 东北黑土区垄向的分布及其对土壤侵蚀的影响 ［J］. 水土
   保持研究，19（5）：1－6.

中国水土保持学会水土保持规划设计专业委员会，水利部水利水电规划设计总院，2018.
   水土保持设计手册　专业基础卷 ［M］. 北京：中国水利水电出版社.

Cheng Hong，Wu Yongqiu，Zou Xueyong，et al，2006. Study of ephemeral gully erosion in
   a small upland catchment on the Inner－Mongolian Plateau ［J］. Soil and Tillage Research，
   90（1/2）：184－193.

Hayas A，Vanwalleghem T，Laguna A，et al，2017. Reconstructing long－term gully dy-
   namics in Mediterranean agricultural areas ［J］. Hydrology and Earth System Sciences，
   21（1）：235－249.

Hudson N，1995. Soil conservation ［M］. Ames，Iowa，USA：Iowa State University Press.

Liu Baoyuan，Zhang Keli，Xie Yun，2002. An empirical soil loss equation ［C］. Proceedings
   12th International Soil Conservation Organization Conference，3：21－25.

Morgan R P C，2005. Soil erosion and conservation（3rd Ed）［M］. Oxford，UK：Blackwell
   Science Ltd.

Vandekerckhove L，Poesen，J，Oostwoud Wijdenes D，et al，2000. Thresholds for gully in-
   itiation and sedimentation in Mediterranean Europe ［J］. Earth Surface Processes ＆ Land-
   forms，25（11）：1201－1220.